在昆蟲圖鑒和教科書上沒有學過的
科學知識！

漫─**昆蟲**─畫

笑料演化史

金渡潤 ── 著　魏汝安 譯

CONTENTS

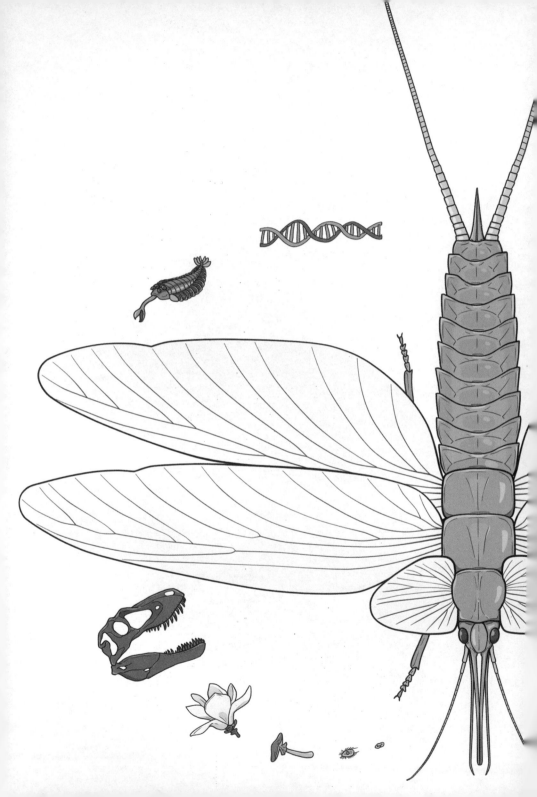

昆蟲⋯！

全世界活著的昆蟲有80多萬種。

生活在海洋以外的各個角落（有部分水黽則生活在海上），

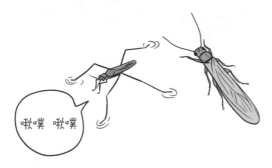

甚至在喜馬拉雅5,000公尺高的海拔處，也都能看到昆蟲的蹤跡。

總之，不管冷或熱、
潮濕或乾燥，以各式各樣怪異的
型態生存在地球的各個角落。

第1章
古生代篇

正值寒武紀大爆發，地球上出現了大規模的物種，
這個時期是與昆蟲同為節肢動物門的三葉蟲的鼎盛時期。

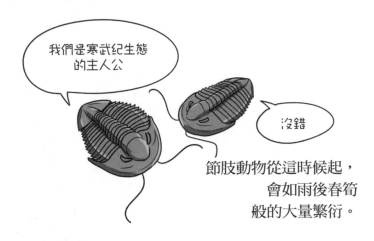

節肢動物從這時候起，
會如雨後春筍
般的大量繁衍。

長相兇猛的捕食者 —— 奇蝦，為寒武紀海洋的支配者
（連體型都很巨大，最大可超過2公尺，相當霸氣）。

長相雖是節肢動物，
但卻屬葉足動物，與節肢動物相近。

這時，長得像蛞蝓的「皮卡蟲」祖先誕生了！
沒有腳、不起眼的牠，竟沒遭到滅絕。
能撐到現在，真心給牠100個讚！
（嚴格說來，並非「真正的」祖先）

蠕動

蠕動

4cm

緊接著來到奧陶紀。

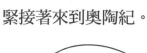

勝利的三☆葉

我們全都是仿效
三葉蟲大哥

尊敬

此時並無明顯特徵，
三葉蟲依舊鼎盛。
啊！三葉蟲雖是節肢動物，
但並非昆蟲的祖先。
蟲的祖先。

然而，進入志留紀時期，
魚類開始大量繁衍。

您們好！我是海洋
生態的新鮮人
魚類

喀啦

喀啦

嚇！真可怕..
抖抖抖

如此一來，鼎盛的三葉蟲也開始遭受迫害…

真好吃！　　真好吃！　　真好吃！

啊...大哥們
行行好呀！

當海洋生態變得凶險時，

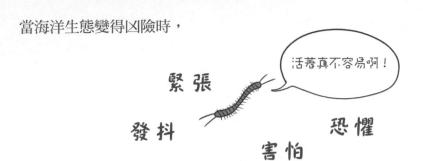

生活在海洋的蠍子和多足類（如蜈蚣），轉而進軍陸地。

且早在之前，
就有植物登上陸地。

反正蠍子和多足類屬夜行性生物，夜晚才活動，白天躲在石縫裡休息，即便臭氧層不完善，也不成問題。

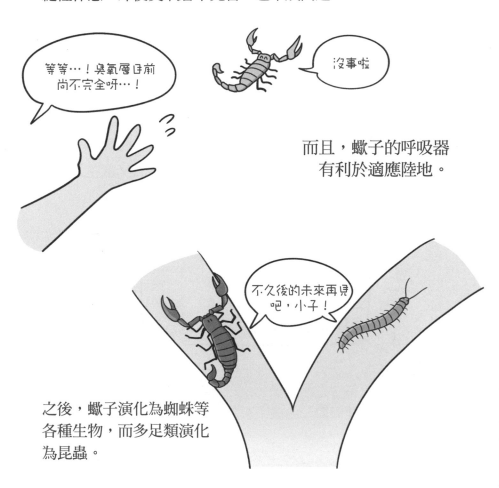

等等…！臭氧層目前尚不完全呀…！

沒事啦

而且，蠍子的呼吸器有利於適應陸地。

不久後的未來再見吧，小子！

之後，蠍子演化為蜘蛛等各種生物，而多足類演化為昆蟲。

多足類自古至今都生活在土壤裡，因藏匿在濕潤的土壤中，死後馬上遭到分解。遺憾在於無法遺留成昆蟲化石。

極度黑暗

不喜歡…光線…Deep Dark

不過，大略過程是可以推測的。當足數和體節愈多時，脫殼（皮）所需的時間就愈長。過程中，因死亡風險極高，所以足數漸漸減少。

然後，來到眾所期盼的泥盆紀，最早的昆蟲、石蛃就在此誕生啦！

當然並不像遊戲中直接登場（是以化石之軀直接登場…），而是因循著物競天擇，由數千萬年所累積的結果。

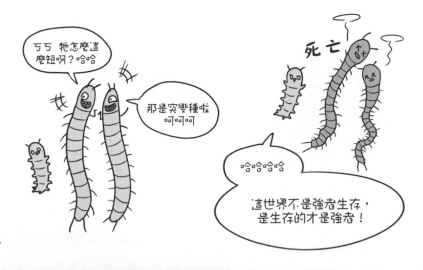

這般登場的昆蟲，

平淡無奇地生活著。

接著是石炭紀時
期，昆蟲的傳說就
此展開。

這時期，植物都漸漸茁壯。

昆蟲...
請放過我的
命根吧...

好大...真漂亮...

昆蟲們開始爬上
植物的枝幹，

U Lay E Lee~

尋遍各地方的植物，
在上頭跳來跳去。

牠們開始在天空中飛翔，

在當時，翱翔於空中的生命體只有昆蟲。

從這時期起，昆蟲在地球上大量繁衍，那時在空中飛翔的昆蟲有蜉蝣和蜻蜓（與現今的蚊子有點不太一樣）。

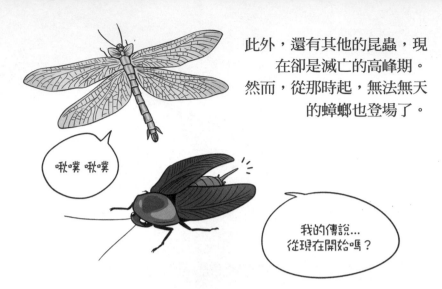

此外，還有其他的昆蟲，現在卻是滅亡的高峰期。然而，從那時起，無法無天的蟑螂也登場了。

啾噗 啾噗

我的傳說...
從現在開始嗎？

這邊稍微打岔一下，

過去的植物並未遭到分解，而是下沉堆積，經歷成煤作用而形成今日的石炭。

石炭紀早期的植物很少被分解，因此造就了很多石炭。

可是，石炭紀在後期的石炭不如早期那麼多…

如果說蟑螂不會吃樹木

那就太丟我們蟑螂的臉了。

因為這時，蟑螂啃食樹木的同時也進行分解。

18

蟑螂就這樣一直不停地大量繁殖，
這情況該有多嚇人、多可怕…

啃食樹木的蟑螂在不久後，
進化成最早形成社會的白蟻。

接著來到二疊紀大滅絕，地球上98%的生物都消失了。

包含鼎盛的三葉蟲在內，各
式各樣奇奇怪怪的
生物全都滅絕。

雖然昆蟲也遭到打擊，但影響不算大。

昆蟲之所以能在大滅絕中
生存下來，最大的原因
是完全變態，這真的
相當了不起！

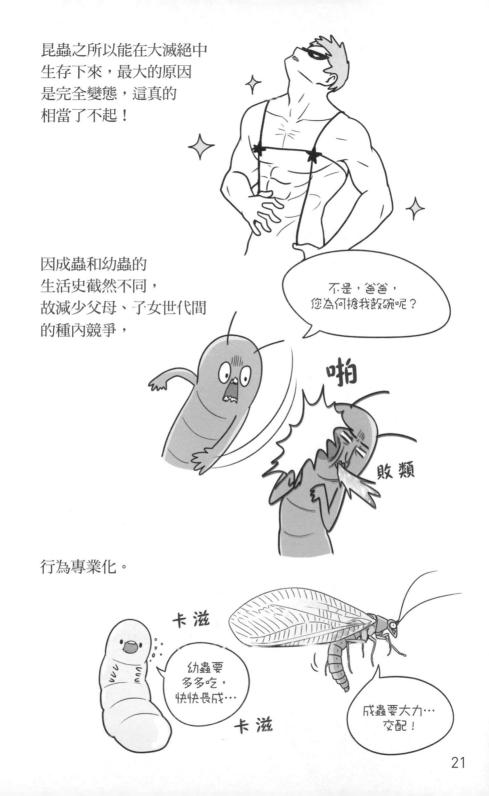

因成蟲和幼蟲的
生活史截然不同，
故減少父母、子女世代間
的種內競爭，

不是，爸爸，
您為何搶我飯碗呢？

啪

敗類

行為專業化。

卡滋

幼蟲要
多多吃，
快快長成⋯

卡滋

成蟲要大力⋯
交配！

而棲息在淡水的昆蟲，相對受到的打擊並不嚴重。

就這樣，古生代平安存活下來的昆蟲，看似會支配著天空。

而在恐龍稱霸的世界中，
翼龍後腦勺突起，且適應力強。

#節肢動物之前進陸地

　　古生代中期的海洋是很紅的紅海，而陸地是沒任何東西的藍海。到現今所知道，最古老的陸地生物是在志留紀存活下來名為「呼氣蟲」（Pneumodesmus）的原始馬陸。所以，漫畫中雖寫最早的陸地動物在志留紀登場，但卻發現有比這更早，在奧陶紀陸地生物的化石足跡。

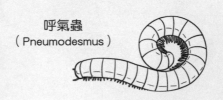

呼氣蟲
（Pneumodesmus）

#節肢動物的節數縮減

　　看昆蟲的體節構造，我們可以確定多足類是身體的結束合併成為頭部。

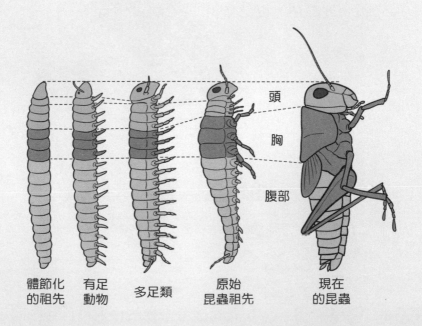

				頭
				胸
				腹部

| 體節化的祖先 | 有足動物 | 多足類 | 原始昆蟲祖先 | 現在的昆蟲 |

23

中生代！恐龍當道的時代。

恐龍興盛的時候，是植物大幅度進化的時代。
唯一沒有冰河期，也是整顆地球又濕又熱的時期。

在各種稀奇古怪的巨大古代怪獸間，
昆蟲還是很威風地大量繁殖。

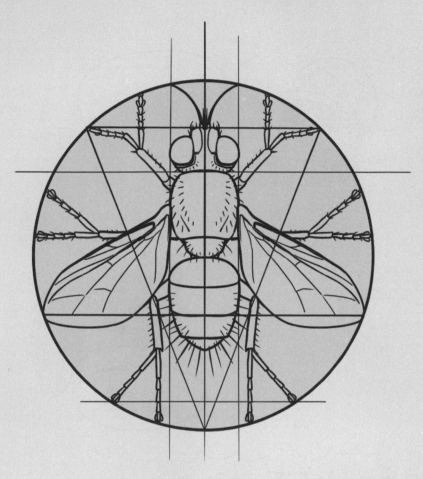

第2章
中生代篇

經歷了大滅絕，來到了三疊紀。從荒蕪的自然環境中，生命體們展開形形色色的演化…

出現許多怪異的型態，
生命體也變得相當多元。

中生代的樹林非常之吵呀，

雖然不知道當時昆蟲的叫聲
是怎樣的聲音，不過刻在化石上的翅膀很發達，
可推估應該頗為響亮。

在這時期的蟬，有一部分進化成椿象。

約40公分長的巨大蚱蜢＋螳螂＋竹節蟲外型的巨翅目
（Titanoptera）登場的同時就滅絕了。

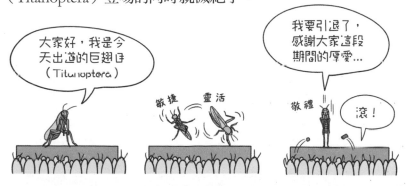

當進入中生代，生存變得危機四伏，

為適應周遭環境，偽裝成一模一樣的竹節蟲登場了。

紡足目（Embioptera）、鍬形蟲、蛇蛉（Snakefly）等相繼登場，
但在這時期最受注目的是「蜂」的登場。

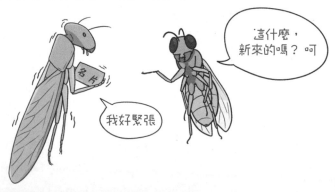

這時人類的祖先長得像老鼠，被稱為單弓亞綱（Synapsid），所以哺乳類和爬蟲類很相似。

這時候，蜂都還是無所事事的昆蟲，不過一進到侏羅紀，牠們就紅了。

然而，三疊紀決定性的事件，就是翼龍登場，
支配了整個天空。

只屬於昆蟲世界的天空，被爬蟲類侵犯了。

時間的流逝，侏羅紀正開始真正的恐龍時代。

其實迅猛龍也是
白堊紀的恐龍。

侏羅紀時期有一部分的恐龍已成為始祖鳥。

因此，昆蟲為了生存，
就必須尋找新的生存空間。
然而，這時找到生存縫隙寄生在皮毛的牠登場了
（正確來說是「羽毛」）。

接著，這時最初的社會
型態登場，就是白蟻。

白蟻在石炭紀時期，最初分解樹木進化成蟑螂，

目前尚未發現構成社會的主因是什麼，不過原因五花八門，不知道也無妨（請參考第17章、第23章）。

由此可見，蟑螂是白蟻祖先的種種證據。

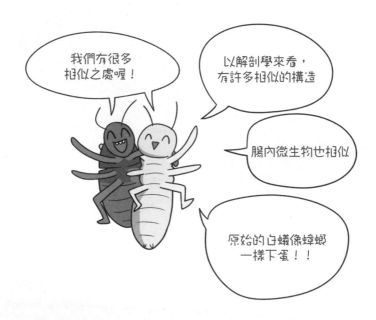

連螳螂都在侏羅紀時期登場。

螳螂也跟白蟻一樣，由蟑螂進化而來。

所以蟑螂、白蟻和螳螂被分類在同一個網翅總目
（Dictyoptera）裡。

另一邊，蜂群找到了一大個生態空缺，就是寄生。

從這時候開始，產卵管多半未特化為蜂的螫針，刺入宿主，
使其神經系統麻痺後，將卵注入至宿主體內。

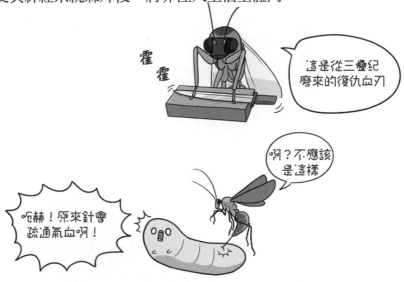

甚至，卵會在宿主體內孵化。
實際上，這種方式更為成功，因為安全。

寄生的蜂群開始以高速大量地繁衍，
因為寄生是個完全嶄新的生活領域。

提供的環境

寄生的領域

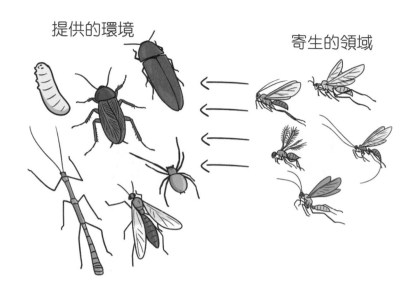

某些寄生蜂會以保存宿主為目地，

他生和共生等高度複雜生活史就此展開。

隨著時間來到了白堊紀，許多長脖子的蜥腳類恐龍消失後，長角的角龍亞目恐龍大量繁衍。

而眾所皆知的動物界的霸王、巨星「暴龍」，也在此登場。

吼啊吼啊

不過，在白堊紀時期，發生了恐龍局面被「冰豆」（台語）的事件。

|-_-|~

嘩啦啦……

就是花的登場。

負責花粉的鞘翅目、蜂、蒼蠅，以及現在才登場的蝴蝶。
由牠們掌握生態主導權，這樣的結構至今仍然持續著，就算
牠們占據大部分現存的昆蟲，一點也不意外。

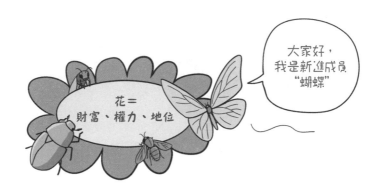

與此同時，過去鼎盛的中華蜓蟻開始沒落，
而在不久的將來捨棄了翅膀，回到土地上生活。

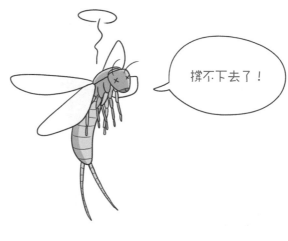

接著，是築巢的
寄生蜂，

與其自己下蛋，還不如讓兄弟姊妹遺傳基因更有力，因此，在此情況下構成必然的社會（請參考第23章），這樣的結果造就了馬蜂和螞蟻。

另一邊，築巢和採集花粉的草食性蜂進化成蜜蜂。

像花田般平和的白堊紀，不知不覺間末日已悄悄來襲。

#奇異濾齒龍的嘴

在第26頁中的圖片，有著錐子頭的動物，是在中國發現名為「奇異濾齒龍」的（Atopodentatus，突出奇怪的嘴）海洋爬蟲類。在畫分鏡時，奇異濾齒龍復原圖的嘴巴是V字型，在畫原稿的途中將復原圖改掉，修正為T字型。

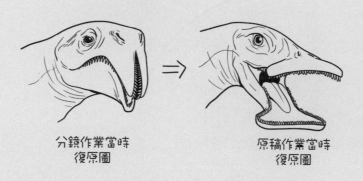

分鏡作業當時
復原圖

原稿作業當時
復原圖

#寄生的昆蟲

不光是蜂，連蒼蠅在寄生領域也很成功。除此之外，捻翅目或芫菁科、蒼蠅、螳蛉科（請參考第325頁）、某些蛾類（蟬寄蛾科）也採用寄生策略。特別是寄生在宿主體內的昆蟲，為了不受宿主的免疫反應影響，並與抑制免疫反應的病毒合作共生。

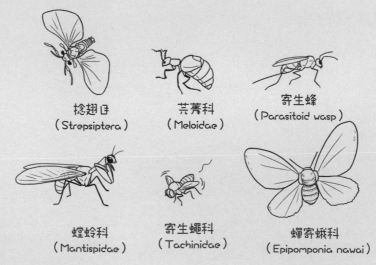

捻翅目
（Strepsiptera）

芫菁科
（Meloidae）

寄生蜂
（Parasitoid wasp）

螳蛉科
（Mantispidae）

寄生蠅科
（Tachinidae）

蟬寄蛾科
（Epipomponia nawai）

白堊紀末，巨大的隕石衝撞到地球，

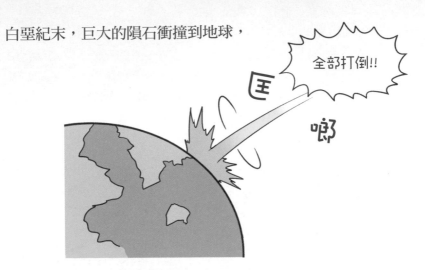

威風凜凜的恐龍們慘遭滅絕。

昆蟲存活下來，

哺乳類取代了
恐龍的位置，
開始了屬於哺乳類
時代的新生代。

THE EVOLUTION OF INSECTS
第3章
大滅亡和新生代

雖然我們沒親眼看到大滅絕，但卻有強而有力的證據。
因小行星衝撞在墨西哥猶加敦半島上，而引發了大滅絕的假
設。此滅絕事件稱為K-T事件、K-T滅絕（或是K-Pg滅絕）。

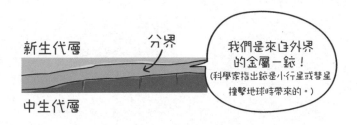

其實，這時的大滅絕比起古生代二疊紀大滅絕來得輕。

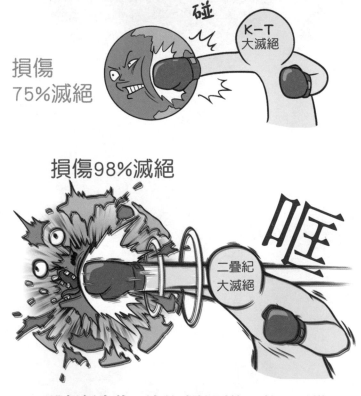

老實說，講起新生代，沒什麼特別的，就…這樣。

因為這個大滅絕，蛇頸龍目、龍翼等，
巨大的爬蟲類都慘遭滅絕。

有些恐龍活了下來，就成了我們現在吃的炸雞

但是，昆蟲所有的目並沒有滅絕，
威風地進入新生代。

恐龍一滅絕，哺乳類就占領了新生代，
馬上觸及四面八方。

不過，並非總是碧綠的樂園，
更加劇烈的冰河期即刻來臨。

還經歷了4次...

不過，昆蟲果然是個很能適應環境的生物，
適應冰河期的昆蟲馬上就登場了！

啵啵啵啵啵

嗯？呵

就是在白堊紀時期，以花登場，推翻鞘翅目摘下翅膀後，
重回陸地上的蛩蠊。

寒冷的力量
是偉大的

～蛩蠊的逆襲～

翅膀也丟了，
武器也丟了，
所有的都丟了

為了適應寒冷，
什麼都沒有

因為冰塊融化，
我現在才知道我所
站的地方是懸崖處
呀！

喀啦　抖抖抖

蛩蠊想說可以大量繁衍…
但現在卻因為地球暖化，
幾乎走向滅亡前夕。
學者們預測在未來的100年內，
蛩蠊會消聲匿跡。

然而，剩下的昆蟲也撐過冰河期，奮力地演化。

80萬種

豐富的生態

莊嚴

就來到了現代。

古生代之前，從海洋誕生的祖先…

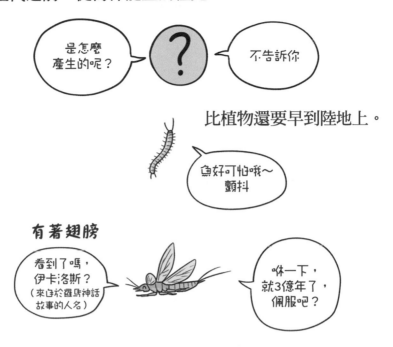

是怎麼產生的呢？

？

不告訴你

比植物還要早到陸地上。

魚好可怕哦～
顫抖

有著翅膀

看到了嗎，
伊卡洛斯？
（來自於羅馬神話
故事的人名）

咻一下，
就3億年了，
佩服吧？

支配地球整整4億年的時間。

恐龍那傢伙
還真是有趣的朋友，
非常地理性。

實際看了在該期間幾次的大滅絕中，能存活下來的生物外型，可以推測出往後的幾億年，昆蟲沒那麼容易滅絕。

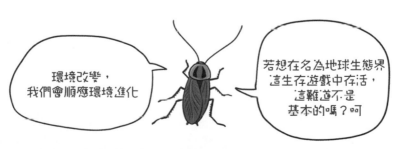

環境改變，
我們會順應環境進化

若想在名為地球生態界
這生存遊戲中存活，
這難道不是
基本的嗎？呵

脊椎動物的總平均壽命為100萬年，
對比之下，總平均壽命只有10萬年的昆蟲，
至今還以最快的速度來順應環境，並不斷演化中。

#蜥形綱

　　由恐龍進化成鳥來看，說鳥是恐龍的一部分還真是沒錯。鳥所屬在恐龍的分類群裡，也因現存至今，所以恐龍的分類群到目前還有效。不過，恐龍因屬爬蟲類，這樣一來，就會產生鳥類屬於爬蟲類的驚人發現。因此，最近將爬蟲類和鳥類合併為蜥形綱（Sauropsida）一詞。

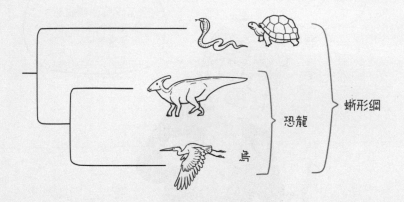

#爬蟲類消失的海洋

　　恐龍一滅絕，哺乳類就占據多種多樣的地位。舉例來說，與中生代的滄龍屬（Mosasaurus）、蛇頸龍亞目（Plesiosauroidea）、魚龍目（Ichthyosauria）同等的海洋爬蟲類消失後，新生代的鯨魚、海豹、斑海豹等海洋哺乳類填補了此空缺。此種現象即稱為「適應輻射（Adaptive radiation）」。

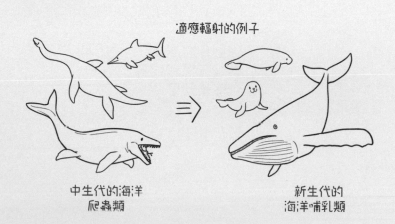

適應輻射的例子

中生代的海洋
爬蟲類

新生代的
海洋哺乳類

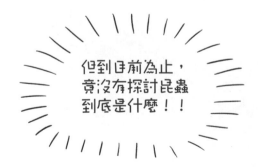

第4章
昆蟲是什麼

在我小學3年級時，學了什麼是昆蟲。

…要是這麼回答的話，你很有可能會馬上遭到昆蟲學者們的反駁。

是有2對翅膀的昆蟲，但沒有翅膀的昆蟲更是占了大半。馬上在大樹下看到的螞蟻，就是最好的例子。

包含最早沒有翅膀的蠹魚和石蛃在內，
除了螞蟻，其他放棄翅膀使其
退化的昆蟲不在少數。

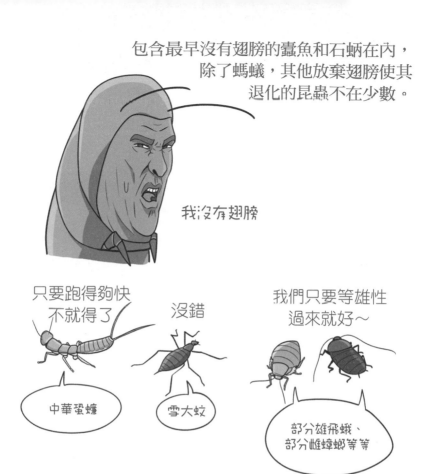

我沒有翅膀

只要跑得夠快
不就得了

沒錯

我們只要等雄性
過來就好～

中華蟪蠊

雪大蚊

部分雄飛蛾、
部分雌蟑螂等等

再加上，也有昆蟲只持有一對翅膀，並非兩對，
牠們被歸類為雙翅目。

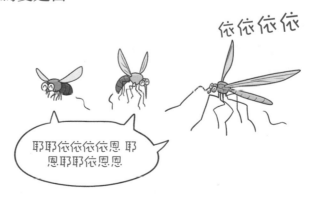

佌佌佌佌

耶耶佌佌佌佌恩 耶
恩耶耶佌恩恩

雙翅目的後翅有個必備的部分，被稱做平衡桿的器官，形狀好比是哆啦A夢的手臂黏在上面。平衡桿是蒼蠅在飛行時，扮演協助平衡的陀螺儀的角色。

還有，說昆蟲的腳有6隻，這話雖沒錯，但還是有例外。因為看得到僅有4隻腳的四腳蝴蝶。

反正都在空中飛翔遨遊，腳只是用來著陸用的，進而前腳就退化成很短，這的確是個非常聰明的想法。

那麼，昆蟲究竟是什麼呢？
跟著《漫畫昆蟲笑料演化史》，
我們用進化系統來下定義吧！

～昆蟲代表襀翅目～

首先，昆蟲是動物。

～動物界～
(Animal Kingdom)

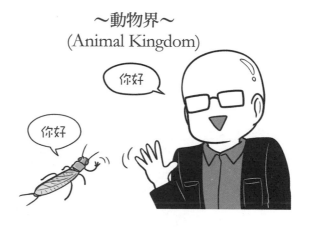

其中又屬節肢動物。

～脊椎動物亞門～   ～節肢動物門～
　(Vertebrata)   (Arthropoda)

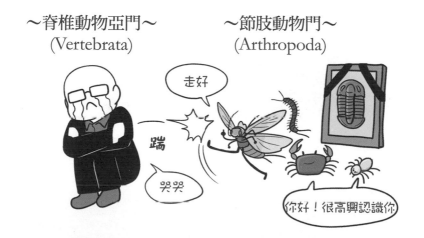

節肢動物的身體分為一個個的體節。

節肢動物主要以足來分類，
首先是有著用來獵食的尖銳附屬肢的鋏角亞門（Chelicerata）。

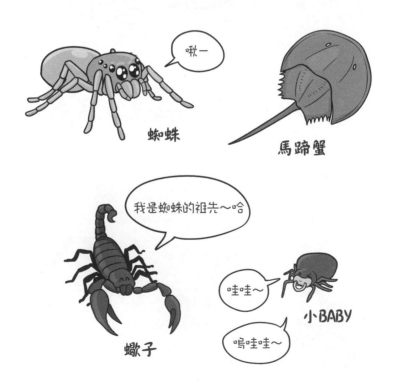

以及腳很多的多足亞門（Myriapoda），

蜈蚣

馬陸

唉額，真噁心

和我們常說的甲殼類，吃起來很美味的甲殼亞門
（Crustacea）也包含在內。

螃蟹

蝦

藤壺

土鱉

唉呦，難道我也吃起來很美味嗎？

啊，我以前曾因為品嚐過昆蟲，
上過DC版評價昆蟲味道，
您都還沒吃過吧！
最早時您也不是昆蟲啊！

昆蟲試吃評價TOP11－HIT版
有段期間在採集昆蟲的同時，因為好奇，
也曾品嚐昆蟲的味道。還曾餓到連植物也
都試吃過

原來如此…，
但您的家人知道這件事嗎？

最後，有6隻腳的節肢動物，我們稱為六足亞門
（Hexapoda）。

除了昆蟲，還有6隻腳的節肢動物 —— 內口綱，牠們和昆蟲綱合稱為六足亞門。

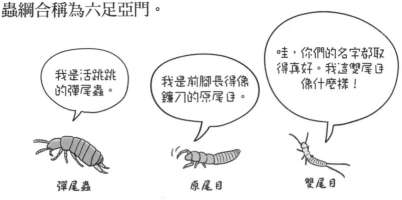

在很久很久以前，和昆蟲相同等級的其他昆蟲，
因為嘴巴形狀，而從原始昆蟲中被除名。

一般昆蟲在身體外會有一個大顎，

但內口綱有嘴唇，而且下顎長在裡面。
如果這要說是原始特徵的話，嗯…，
竟然科學家們都這樣說了，那大家也就這麼聽吧！

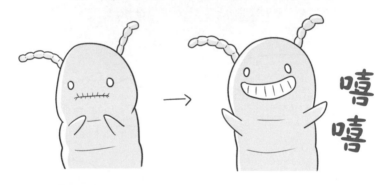

嘻
嘻

總而言之，具備各種各式各樣條件的生物，就叫作昆蟲。

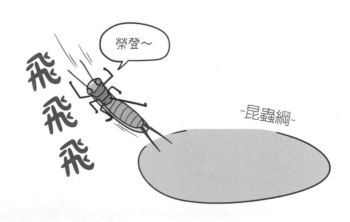

榮登～

飛
飛
飛

~昆蟲綱~

最後，昆蟲是以生物分類法中的「綱（Class）」為分類
級別，與一般的綱是不同級別的。

分布在全世界的動物有120萬種，
其中，光昆蟲綱就占了80萬種的名額。

昆蟲在陸地上占據一席之地，旺盛之際的古生代後期之海洋深處
韓國地質研究院地質博物館裡陳列的部分插畫，將它編輯使用。

#是嘴還是肛門

　　人類所屬的脊索動物門，嚴格來說並不是一大門，而是門以下的亞門（subphylum）。脊索動物亞門所屬的脊索動物門（chordata）相較於其他動物門，關聯性少之又少。脊索動物們在胚胎發育時，第一個開口（胚孔）形成肛門，屬後口動物。然而大多其他動物如同節肢動物或是軟體動物，在胚胎發育時第一個開口（胚孔）形成嘴巴，即屬原口動物。屬於節肢動物的昆蟲當然也包括在原口動物中，以及如同脊索動物的後口動物則包含了海星、海膽等在內的棘皮動物。

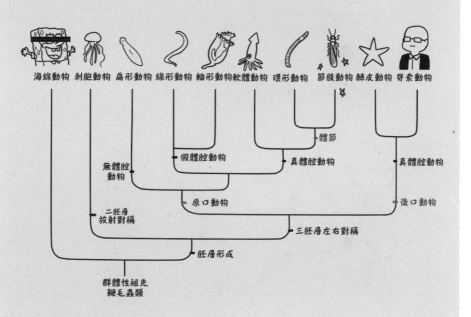

海綿動物　刺胞動物　扁形動物　線形動物　輪形動物　軟體動物　環形動物　節肢動物　棘皮動物　脊索動物

體節

無體腔動物　　假體腔動物　　真體腔動物　　真體腔動物

原口動物　　　　後口動物

二胚層放射對稱　　　三胚層左右對稱

胚層形成

群體性祖先鞭毛蟲類

◀與這些同等動物們的地質學來說，在古生代寒武紀初期突然出現的現象稱為「寒武紀大爆發」。儘管化石紀錄上只有突然出現，但動物們都是經過長時間的演化而來。

寒武紀大爆發？科學上來說，這是極為可能的事。

古生物學家
史蒂芬‧傑伊‧古爾德

63

古生代，特別是有許多事件發生在石炭紀和二疊紀時期。

以這時為起點，昆蟲開始了爆炸般的分化…

那祕密正是翅膀的出現。

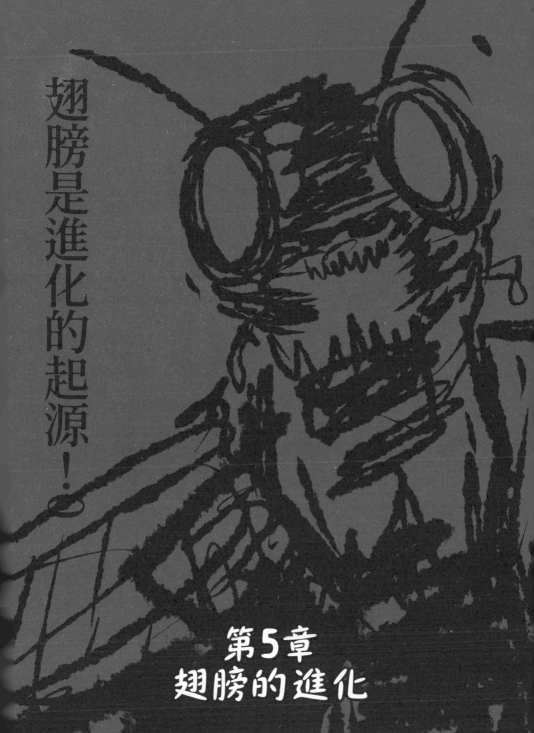

翅膀是進化的起源！

第5章
翅膀的進化

植物如雨後春筍般開始茁壯成長的石炭紀，而展開翅膀
飛翔的昆蟲更是天下無敵。

最早能在天空中飛翔真的是件很稀奇的事，
但有個驚訝的點是…

翼手龍、鳥、蝙蝠等在天空中飛的動物，大部分都捨棄前
腳的原先用途，進化成翅膀。不過，只有昆蟲最為奇特，
直接在背上長出了翅膀。

那麼要怎樣才能從背上長出翅膀呢？

關於這點，存在著各種假說。
目前存活下來，有著翅膀最原始的昆蟲是蜉蝣和蜻蜓。

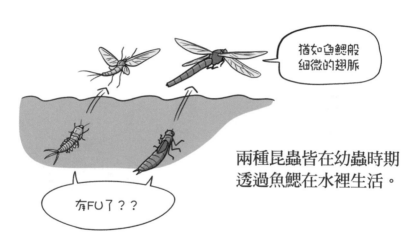

兩種昆蟲皆在幼蟲時期
透過魚鰓在水裡生活。

也因如此，才會有翅膀是源自於魚鰓進化而來的假說。

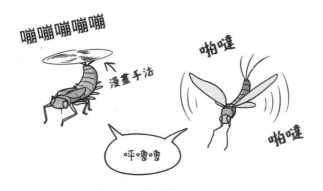

不過，這項假說就猶如傳聞中老虎會抽菸一樣不可考，
因而遭受到各種質疑。

第一，蜻蜓和蜉蝣的鰓在腹部尾端，
而成蟲的翅膀在胸部。

決定性在於蜉蝣和蜻蜓是現存昆蟲中最早有翅膀的昆蟲，
目前化石紀錄上最早擁有翅膀的昆蟲是生活在陸地上
的昆蟲，是和魚鰓毫無關聯的傢伙們。

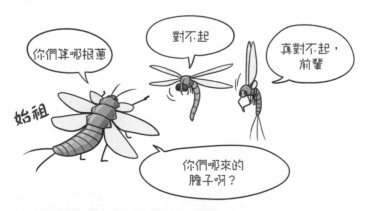

這樣一來，對於因替代方案翅膀登場的假說，
就是胸部變得細長的同時長出翅膀。

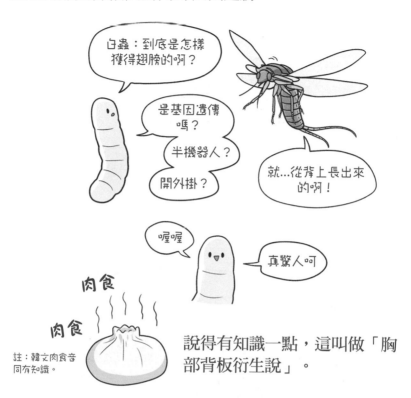

說得有知識一點，這叫做「胸
部背板衍生說」。

蠹蟲是極為原始的昆蟲，與最早擁有翅膀的昆蟲
有著相當相近的構造。

現今的蠹蟲雖然沒有了翅膀…
（並不是因為退化，而是在生翅膀之前是原始昆蟲）

看到過去的蠹蟲化石，發現到胸背板稍微長出小東西，
學者把它看成原始翅膀。

然後植物逐漸開始生長的時候，昆蟲長出翅膀，
這絕對不是湊巧的。

昆蟲為尋找食物，還有交配，
以及閃避敵人才會爬上植物的根莖。

然後再回到地面，或是移駕到其他植物，這樣跳下來的
同時，那小小的突起物演化成翅膀，可以將它視為契機。

但是！尖端技術的發展！
透過最新的研究，讓氣管鰓翅源說再次站得住腳。

這是因為以DNA為基礎從事分子生物學研究，
它的研究成果支持著氣管鰓翅源說。

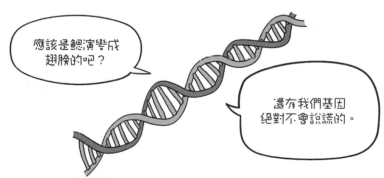

要是出現比既有發現的還更久遠的有翅昆蟲化石，
而出現可證實幼蟲住在水中的化石，
氣管鰓翅源說將會獲得全勝。

#神祕的熊蜂飛行

　　熊蜂跟牠肥胖的身體相較之下，擁有小型翅膀。以流體力學來看，牠的身體構造是無法飛行。傳遍關於牠的「只是因為牠相信自己能飛才能飛起來」這種說法之後，經常被人引用，但實際上並非如此。熊蜂以130度的角度每秒振動翅膀230次左右，而翅膀末梢有可做出龍捲風般名叫前緣渦流（leading edge vortex）的構造，才能讓牠在空中飛翔。

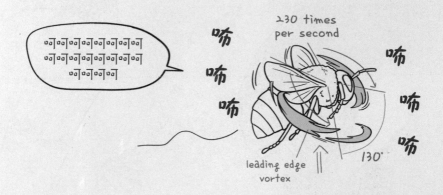

昆蟲旺盛的二疊紀森林裡

並非任何人都能飛在天空中。

飛機與直升機可謂是集結無數技師的血淚產物。

*註:聖德大王神鐘是現今韓國流傳下來最大的鐘,是新羅景德王為了讓世人稱頌其父聖德王的功績而製造,但沒能如期完成。最後是在其子惠恭王任內的西元771年完工,並被稱為聖德大王神鐘。

第6章
翅膀和不可還原的複雜性

所謂不可還原的複雜性，
就是某種生命體的構造實在是太複雜，
會被人懷疑牠的演化過程，

不過這就跟至今仍有人
相信地球是平的這說法相似。

I'M NOT FLAT!!

簡單來說，它就是不想認同
演化論而造就的概念。

唉～都過了150年了，還是這樣嗎？

查爾斯
達爾文

查爾斯‧達爾文曾說，
人類的眼睛真是複雜，
與此同時，

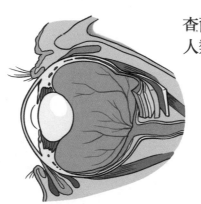

昆蟲的翅膀果然是主張
不可還原複雜性的最佳例子。

你知道飛機的設計
有多複雜，
才能在空中飛嗎？

?????

為了飛翔必須具備以下條件。

流體力學　設計

完美的

設計

因此，昆蟲必須完善具備以複雜力學構造
所形成的翅膀與發達的胸肌。

只要缺少1％，翅膀將會成為廢物，
那麼這是怎麼樣演化的呢？

因為三號引擎發生微小
問題而墜落，呃啊啊！

不只是50％的翅膀，

就連99％的翅膀也沒用。

昆蟲想要獲得完美的翅膀，才會演化成
無法飛行且麻煩的討人厭翅膀嗎？

這正是主張不可還原的複雜性之人類故事。

答案很簡單，經由一階段一階段的逐步演化，
不只是100％的翅膀，還有50％或是1％的翅膀，
它都是有用的。

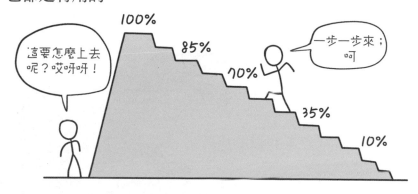

未完成階段的翅膀具有什麼樣的意義，也無法用來飛那有什麼好的。此時既不使它退化，又要讓它變大是為了使用在飛行以外的其他用途，看到現存昆蟲使用翅膀於飛行以外的用途便可得知。

我可不是單純只為了飛翔才裝上翅膀的，呵

昆蟲的翅膀在維持體溫上可是非常有用的。

我要把這個放到父親家～

我也有類似的！

昆蟲的體液藉由翅膀上
分布的翅脈流動，
不管是對照射陽光受熱，
或是對冷卻排熱都有幫助。

再者，還能用在威脅敵人。

還會用於發出聲音。

也會用於向異性炫耀。

它還會扮演堅固的防禦角色。

蜉蝣或蜻蜓般的原始昆蟲的翅脈上有很多毛孔，
部分毛孔用於呼吸。

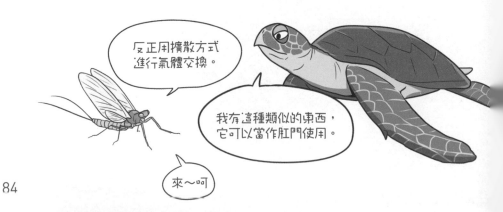

打個比方，居住於沙漠的鞘翅目昆蟲，
聚集露水攝取水分的時候，也會用到翅膀。

諸如上述種種，附著在昆蟲上的翅膀不只作用在天空中
飛翔，翅膀的用途是無窮無盡的。

於是無法飛行的未完成翅膀也有充分多元的用途，

可以看作是用於其他用途的過程中，
翅膀變大才會當飛行使用。

也就是說翅膀是不可還原的複雜性，
這個說法是狗屁話。

汪！

起初不可還原的複雜性這概念本身就是狗屁話，
我們只要無視並帶過它就好。

請各位正確畫出下面昆蟲的腳的位置。

詳見正確答案 →

在德國，針對9～20歲870名的幼、青少年進行適當畫出熊蜂腳的問卷調查，這個結果顯示有6.7%的人放棄，而畫出6隻腳的人占68.6%，然而其中在胸部位置畫出6隻腳的人只有2.4%。

錯誤答案

昆蟲的胸部分為3個胸節，每個胸節都要附加一對翅膀，然後3個胸節之中離頭部較遠的兩胸節，再各自附加一對翅膀。

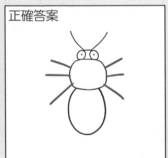

正確答案

此時的古生代海洋裡。

第7章
外骨骼的優點

包含昆蟲的節肢動物，幾乎占領了地球。

全世界動物有120萬種

其中有90萬種是節肢動物

我們昆蟲
想做什麼就做什麼～

其中昆蟲有80萬種

昆蟲與節肢動物掌控著
包含南極的全部陸地。

即使體內流失70%
的水分也能承受的，
正是這傢伙。

居住於南極
的搖蚊

昆蟲沒能占領的海洋深處，由甲殼類這種節肢動物接手。

當然，並不是沒有居住於海洋中的昆蟲。

跳水

海鈴蟲
（Cacone mobius sazanami）

喜歡有鹽味環境
的蒼蠅

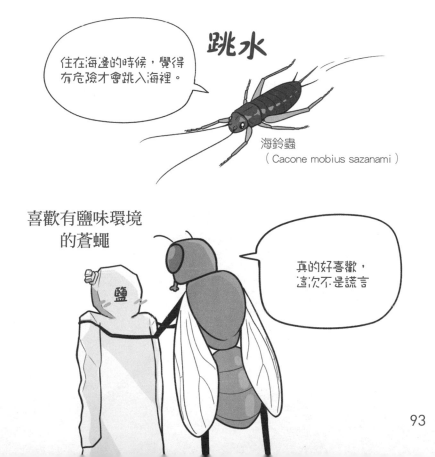

總之，不管是在陸地，還是在海洋，
節肢動物都獲得莫大的成功，即使在過去也是一樣。

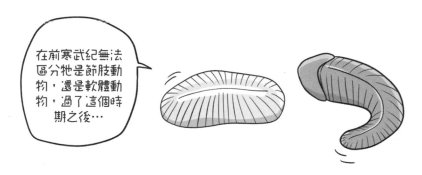

尤其是三葉蟲，光是牠的化石就被發現1萬7千多種，
這就證明了一切。

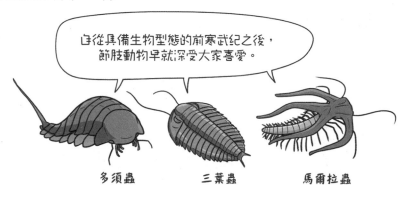

多鬚蟲　　　　　　三葉蟲　　　　　　馬爾拉蟲

如果是這樣，節肢動物是怎麼辦到的，可以從以前活到
現在，仍然成功地生存下去呢？而這秘訣正是外骨骼。

總是考第一名之討人厭傢伙的秘訣

外骨骼就如字面上的意思，它是身體外面的骨骼，
所有節肢動物的外表都被堅硬的外骨骼給包住。

早期外骨骼的用途是將體內形成的
老廢物質囤積到體外。

就這樣形成外骨骼，它可以抵擋敵人的攻擊。

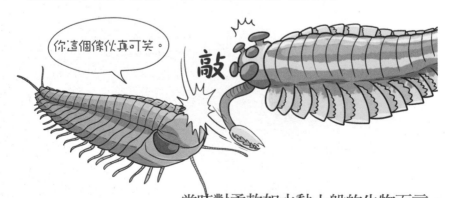

當時對柔軟如水黏土般的生物而言，
它可是在外面遊走相當可靠的武器。

而且，比起長在體內的內骨骼，
外骨骼可以配置很多肌肉。

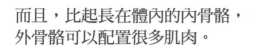

> 螞蟻可以拿起比自己
> 重50倍的東西，
> 就是託外骨骼的福。

就算是健美先生，在物理學上
人類是無法舉起比自己重3倍
以上的東西。

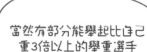

> 當然有部分能舉起比自己
> 重3倍以上的舉重選手

> 看到結實的二頭肌之後，
> 我確實是保守主義者

因此，牠很強大。

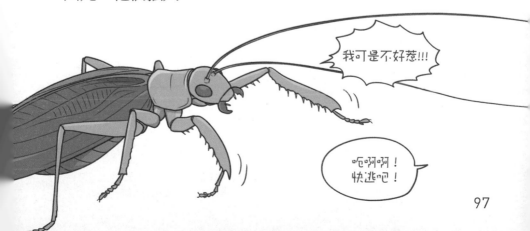

> 我可是不好惹!!!

> 呃啊啊！
> 快逃吧！

再加上這堅固的外骨骼，
可以抵擋有害的紫外線保護身體。

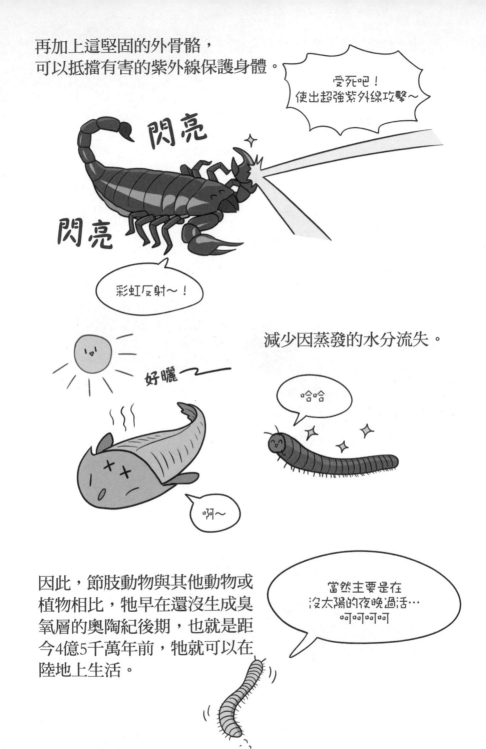

減少因蒸發的水分流失。

因此，節肢動物與其他動物或
植物相比，牠早在還沒生成臭
氧層的奧陶紀後期，也就是距
今4億5千萬年前，牠就可以在
陸地上生活。

在那之後過了7千5百萬年，到了泥盆紀後期，
才出現最早的陸地脊椎動物。

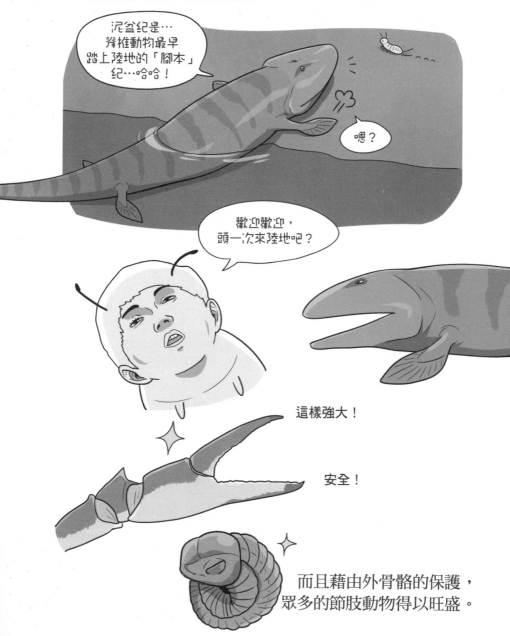

泥盆紀是…
脊椎動物最早
踏上陸地的「腳本」
紀…哈哈！

嗯？

歡迎歡迎，
頭一次來陸地吧？

這樣強大！

安全！

而且藉由外骨骼的保護，
眾多的節肢動物得以旺盛。

在此時，可以在空中飛翔
的昆蟲就是強者

但是這麼屬害的外骨骼
也有致命的弱點…

它就是…

專挑對方的弱點攻擊，
會不會太卑鄙？

這是戰略啊！

#適應在惡劣環境之下的昆蟲

　　介紹在南極生存的蚊蟲（Belgica antartica）。說到南極的昆蟲，有著適應力很強的特點外，以只有9千900萬個擁有鹼基對非常短的基因而聞名。除此之外，嗜眠搖蚊（Polypedilum vanderplanki）能適應險惡的環境，棲息於南非，是在乾燥的環境終能呈現休眠狀態的搖蚊類。在休眠狀態下，將其冰凍起來或是丟到滾水中都還能夠生存。而且只要在適當的環境下供給其水分，就會從休眠狀態中醒過來，開始再度活動。

嗜眠搖蚊　　　　　　　　要給牠灑水嗎…？

#棲息在海洋的水黽

　　居住在海洋裡的海黽屬（Halobates）的水黽，附近的全大洋加起來，共分布40餘種，乘著海流來到數百公里的外海。在義大利4千500萬年前就曾發現過海黽的化石。

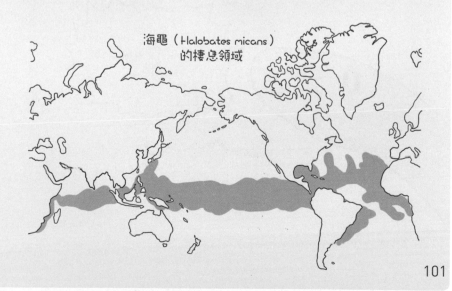

海黽（Halobates micans）的棲息領域

節肢動物因為有堅硬的外骨骼
才能在這地球上生存。

但在這堅硬的外殼之下存在著弱點……

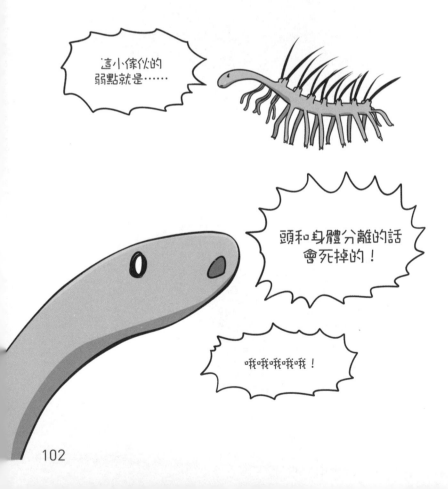

第8章
外骨骼的缺點

為了保護身體外面，披著硬梆梆的外骨骼，

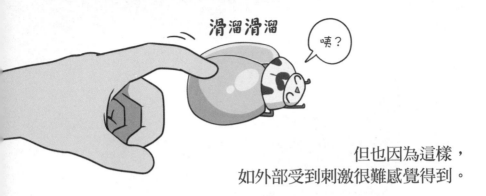

但也因為這樣，
如外部受到刺激很難感覺得到。

當然節肢動物為了補足這點，
在外骨骼外安裝了感應器，

甚至，乾脆整個外表布滿絨毛，
比起內骨骼動物更為敏感。

以及前面提到，外骨骼與內骨骼相比，雖然有著肌肉承載率較高之優勢，但隨著外骨骼越大，它的效率就跟著降低。

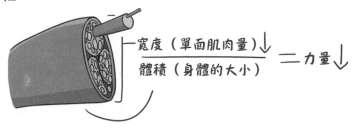

$$\frac{寬度（單面肌肉量）\downarrow}{體積（身體的大小）} = 力量\downarrow$$

所以說，小小的越是厲害。

105

所以偶爾會像某個電影或是漫畫中出現的科幻場景，
含氧量升高，就會出現昆蟲的身形變大的設定。

先撇開其他的問題，要是真的這麼巨大，外骨骼的結構
根本支撐不了自身的體重，會「咔嚓」一聲碎掉。

而且，若外骨骼
遭受到外部猛烈
的衝擊，一旦受傷
是很難復原的。

有著柔弱外皮可憐的內骨骼動物，有事沒事就會受到創傷，
牠們受傷的傷口有能力預防感染及有著超強恢復力。

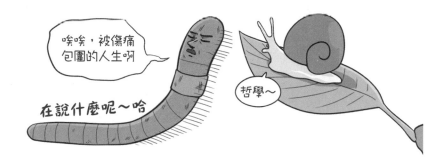

甚至脊椎動物具備有抗體的免疫系統。

相反的，外骨骼節肢動物的外骨骼一旦遭到破壞，
是很難恢復的。

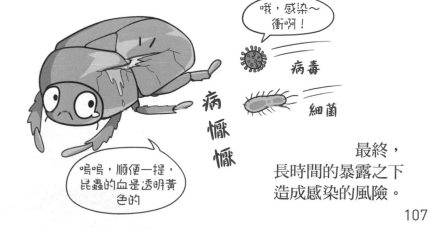

最終，
長時間的暴露之下
造成感染的風險。

雖然破碎的外骨骼經過脫皮可以有機會恢復，
但脫皮也是外骨骼的最大缺點，更是節肢動物的最大弱點。

脫皮也是外骨骼生物為了長大必經的過程。

因為包住身體的皮尺寸
太小，透過脫皮的過程
來迎接新的皮。

所以說，脫皮後的
新皮狀態，是相當光滑
且不堅硬的，這就是為什麼脫
皮是節肢動物的最大弱點。

如果是養過蜘蛛、蜈蚣、
螃蟹等的朋友就會有經驗，
知道牠們在脫皮時
絕對不能觸摸。

有點像是棉花糖的觸感

一般在脫皮時觸摸，很容易受傷之外，
還會造成因虛脫而死亡。

就算是飼養的，一不小心也很容易死掉，更不用說在
野外要逃離這些兇猛的生物，是件多麼不容易的事。

所以說這些節肢動物要以最快的速度蛻變進化到最終階段
才行，不然也會利用樹皮來製作出像表皮一樣的東西出來。

三葉蟲不愧是原始節肢動物，
展現出非常原始的蛻變過程。

三葉蟲與一般幾小時就結束脫皮的現存節肢動物不同，
它們可能要經過幾天到幾週的蛻皮。
因此，可以發現很多在蛻變過程中死亡的三葉蟲化石。

蛻變是多麼艱難的事啊⋯

這是生活在古生代中期的三葉蟲模樣，
古生代後期反倒是看不到牠們的蹤跡。

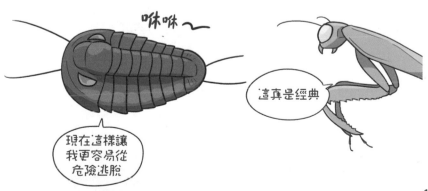

三葉蟲滅種的原因，其中包含了被捕食及生存環境的變化，擺脫危險不容易也是其中之一。

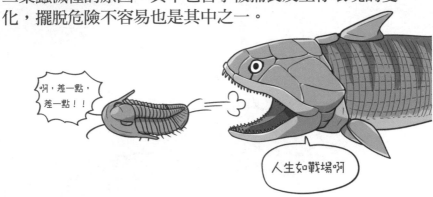

雖然龍蝦在一般的狀況下都可以活得很健康又長壽，
但隨年齡增加，身體也跟著越來越大，殼也變得很厚重，
面臨危險逃命時，會因為殼太重的關係而死掉。

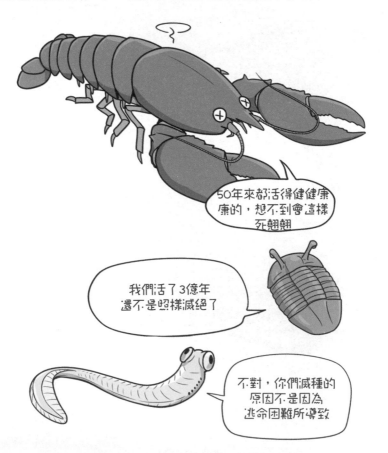

所以外骨骼可說是，

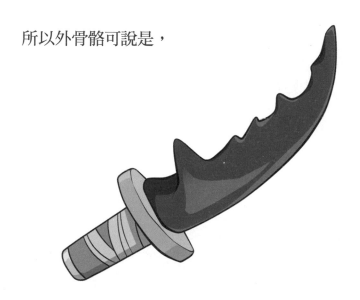

能控制節肢動物興亡盛衰的雙面刃呀！

#怪誕蟲

　　不只是長得很奇特，生長在5億年前古生代的寒武紀海邊的動物－怪誕蟲（Hallucigenia）。一開始爭論得非常熱烈，就是到底哪一邊才是牠的頭。到了2015年，復原了一個完整的頭顱化石。

　　經過完整的復原來看，前後跟上下都跟之前判斷的不盡相同。結論到底是否為節肢動物也是眾說紛紜。現今推測牠的原始型態應該比較趨近於有角動物。

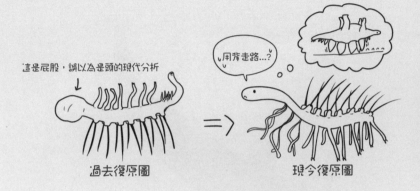

#巨大昆蟲無法生存的理由1

　　越是巨大的昆蟲，水份會藉由體內的氣孔大量蒸發，因此難以維持身體所需的含氧量。

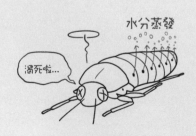

#巨大昆蟲無法生存的理由2

    之所以巨大昆蟲無法活至當今，是因為外骨骼的結構限制及呼吸系統的問題。人類呼吸是橫膈膜透過肺部運動主動進行氣體的交換。昆蟲僅靠著氣體通過毛孔擴散的方式，因此隨著昆蟲成長身體變大，其外部皮膚表面面積越小，使得擴散到各個角落變得更加困難。另外，毛孔還會增加體內蒸發的水量，而巨大的身體要維持相當艱難。以石炭紀的生物為例，當時氧氣濃度高達35%，因此在帶有呼吸系統（例如長75公分的飛行蟲）的巨大蜻蜓（Meganeura）呼吸系統當中，氧氣濃度為2.6公尺，才會存在著像節胸屬的巨大節肢動物。

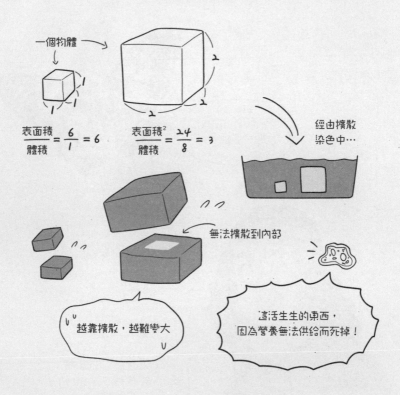

一個物體

$$\frac{表面積}{體積} = \frac{6}{1} = 6$$

$$\frac{表面積^2}{體積} = \frac{24}{8} = 3$$

經由擴散
染色中…

無法擴散到內部

越靠擴散，越難變大

這活生生的東西，
因為營養無法供給而死掉！

這漫畫為了更有趣，還把昆蟲擬人化，

外部有著硬梆梆
的外骨骼，面無表情的
來做個鬼臉吧！

帶著充滿了
意志的行動力。

我要進化成我
想要的那樣子～

塔卡特

那些東西只不過像機
器，依照規劃好而行動
的機器

所以說，為了要解開一連串（可能已經發生）的誤會…

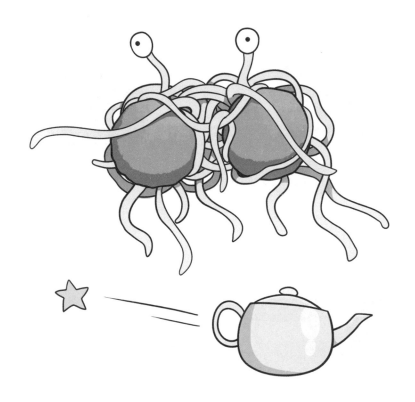

第9章
關於進化論的誤解1

查爾斯‧達爾文（Charles Dawon）將進化論帶入科學世界。

簡單來說，查爾斯‧達爾文將進化論結合對應一起說明。

1.生了很多小孩。

2.小孩的種類非常的多樣。

3.這些小孩在自然環境中成長。

4.在環境當中存活下來的優秀小孩。

5.存活下來的孩子們成群結隊。

6.經過世世代代的改變之下，把有利性質的東西保存下來

7.這麼觀察下來，在不同環境生存的子孫，就會變成不同。

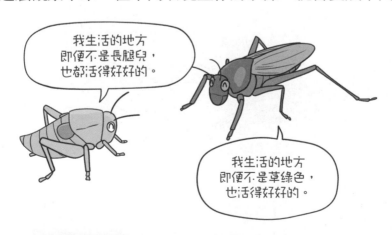

最終，終於達成了進化，
重要的是要「適應環境」。

無法適應環境的孩子們很快就會被淘汰死亡，
利於生存而活下來的就會世代相傳。

朝著有利於生存的方向
繼續遺傳下去。

這就是我們常聽到的
適者生存的自然法則。

進化絕對不是以生物的意志來控制的。

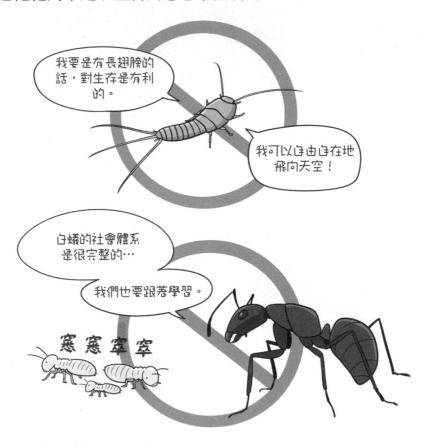

特定的環境下就是這樣，
能生存下來的物種繼續生存而變成現在的長相。

妳為什麼
要學我？

這我沒辦法選擇啊，我
出生就是這個樣子，不
容易被鳥類吃掉。

蜜蜂

天牛

所以在共同的環境之下，就算不同的生物長相也很類似。

這就叫做
趨勢進化

旗魚
（魚類）

海豚
（哺乳類）

魚龍
（爬蟲類）

還有一點，能力值絕對跟
「進步」沒有關係！

在此說的進化，是在說
力量與防禦力提升。

進化跟等級完全
沒有關係…

123

生物也只是在適應環境而已。

進化意味著進步和優越的觀點，
是過去帝國主義時期錯誤的思維。

有些生物為了生存，把生命現象搞得很複雜，
最終卻得不到任何的進步。

反正生存在同樣時代與環境，問題都一樣。

#動物機械論

　　勒內・笛卡兒主張「動物機械論」，他提出所謂生命是超自然的創造物這個觀點，並且極端地從唯物論的觀點當中，以科學方式研究生物。這是宣告生物學誕生的第一步，暨勒內・笛卡兒之後，仍有人相信某種超自然生命力是存在著。主張這種說法的活力論派，也有人相信生物跟機械相同，可以明確地澄清這個現象（主要用於物理學），主張那種說法的機械論派，因而促成這兩派相互爭論。

結論是機械論者主張的「來自分子水平的生命根據物理化學原理，能夠被解釋」這部分是對的。

而生機論者所主張的「依據還原論，無法解釋生命故有的特性」，有某部分是對的。

生物學家
恩斯特・邁爾

#減數分裂

　　在自然界中，後代會呈現多樣化的樣貌，是因為突變和有性生殖中所產生的減數分裂的交叉交換。但當時達爾文並無法說明後代擁有多樣化面貌的原理。不過，後來研究遺傳基因的同時，證明當時達爾文的主張是對的。

減數分裂

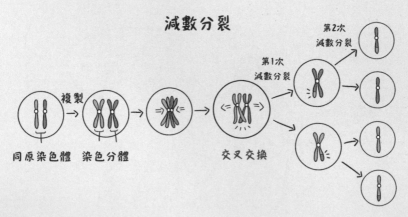

複製

第2次
減數分裂

第1次
減數分裂

同原染色體　染色分體

交叉交換

#趨同進化

　　「趨同進化」即殊途同歸的意思。它是指親緣關係較遠的生物，由於生活環境、生活方式相似，而在長期的適應過程中所形成的體形或器官等異常相似的現象。趨同進化（convergent）的例子有很多，如哺乳類與有袋類、螳螂與螳蛉科（Mantispidae）、白蟻與螞蟻。

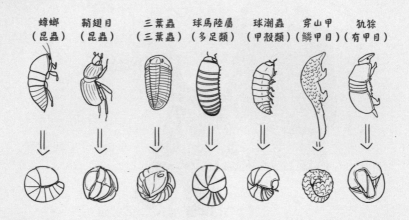

蟑螂　鞘翅目　　三葉蟲　球馬陸屬　球潮蟲　穿山甲　犰狳
（昆蟲）（昆蟲）　（三葉蟲）（多足類）（甲殼類）（鱗甲目）（有甲目）

當遇到危險會將身體捲起來呈防禦姿態，演化成各種紀元的動物們。

　　這時就算擁有著完全不同紀元的器官，但用處一樣，有著類似形態的器官，我們稱為同功器官（analogous organ）。這也是趨同進化的例子之一，反之，帶有著相同紀元的器官，但因環境不同，功能或形態上不同的器官，我們稱為同源器官（homologue organ）。

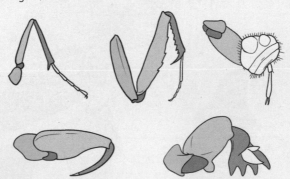

根據環境和用途，昆蟲的腳有著多樣化的形態（同源器官）

第10章
關於進化論的誤解2

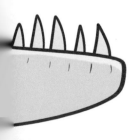

如同前述介紹那樣，演化並不存在目的與意圖。

人類的身體被稱為萬物之靈，但它有非常多的缺陷，
看了下面說明就能理解。

食道跟氣管是用同一個洞，
多虧這個奇怪構造，

才會發生諸多無辜的人類
在喉嚨卡到東西，
因而喪命的情況。

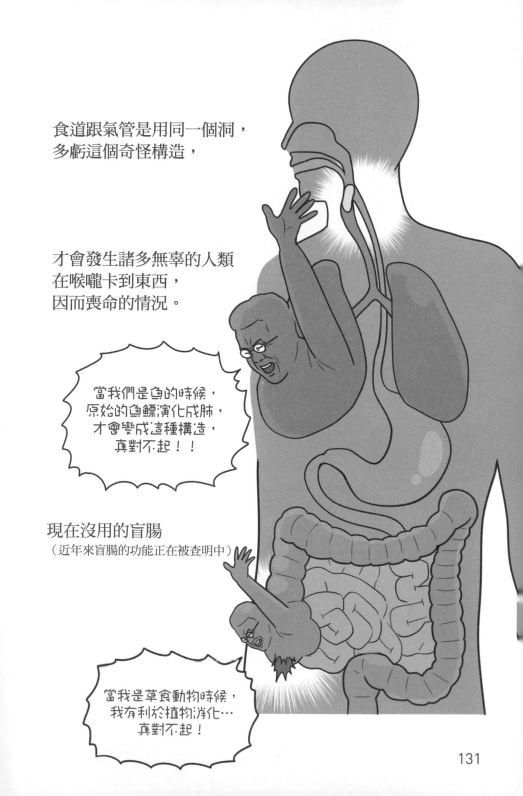

現在沒用的盲腸
（近年來盲腸的功能正在被查明中）

智齒長在尷尬的位置，使人類陷入痛苦等等…，
人類擁有超多不利生存的特性。

綜合上述，演化並非是進步，而是為了適合生存的應對行為。

因此我們人類不是萬物之靈，
我們只是在現在的環境裡，
擁有很多有利特性的動物而已。

然後還有一點，演化絕對不會以固定的方向去進行。

生物的體內沒有內在演化的方向。
簡單來說，演化是沒有目的。

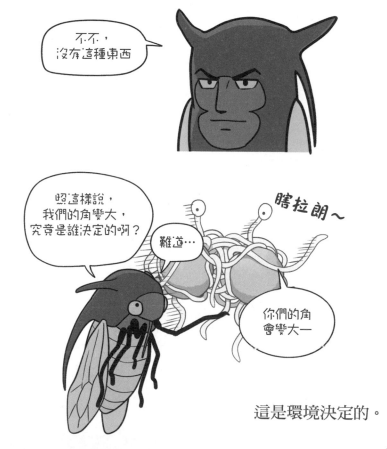

這是環境決定的。

環境決定演化的方向性。

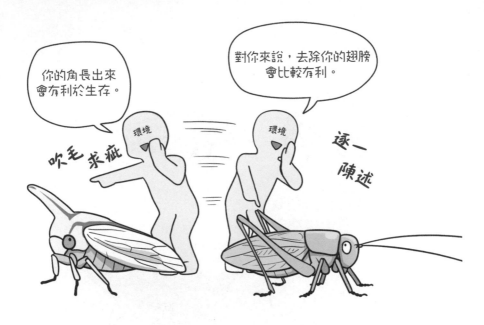

還有，該方向隨時會變更。

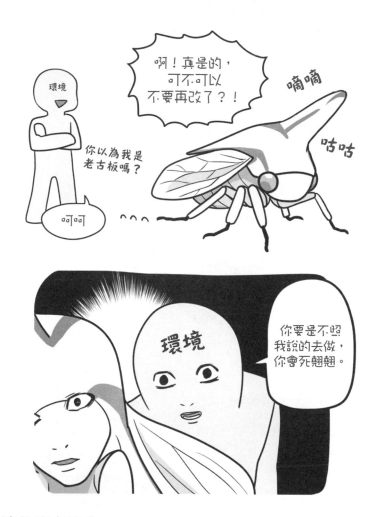

於是演化沒有進步，
它儘可能朝著適合環境的方向去進行。

那個方向會根據環境持續做改變。

生物只要在環境中好好存活下來就行了，生很多小孩，
還有發生很多突變。

反覆出現這種機制，
並且誕生和消失
無數多樣的生物。

但儘管生物偶爾會擁有不利於現有環境的特性，

我都說你去那邊有可
能會死，嗯？

還是可以看到不顧危險，
刻意朝向不利方向演化的模樣。

甚至那個方向是瀕臨絕種的一條路。

這便是為了博取異性歡心所演化的結果。

這被稱為「性選擇」。

　　有別於魷魚的眼睛，脊椎動物包括人類，他們的眼睛神經穿過視網膜，這是極差的構造。早期脊椎動物的祖先，牠們的眼睛在製造時，沒有太大的問題，但是牠們的子孫追加複雜的功能時，卻導致了問題，等同是扣錯了第一顆鈕扣。於是因天擇而有的演化，它就是被設計成朝向終點的完美設計。它是從基本存在出發，再透過天擇去做變化，那個特性才會到處都存在缺點。

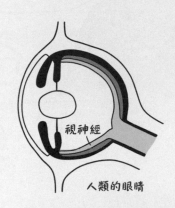

人類的眼睛

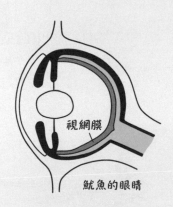

魷魚的眼睛

不只是昆蟲，包括人類的所有動物，
都非常忠實於性這方面，並且非常專心且活下去。

無哲博士
慮學士

什麼？你是排斥性這方面的
生物嗎？

我可是無性別的無性植物

當然，包含了分性別的有性生物。

性這個東西拓寬了遺傳多樣性，
也會致使某種物種瀕臨絕種。
作為原動力之一，對演化歷史
帶來很多影響。

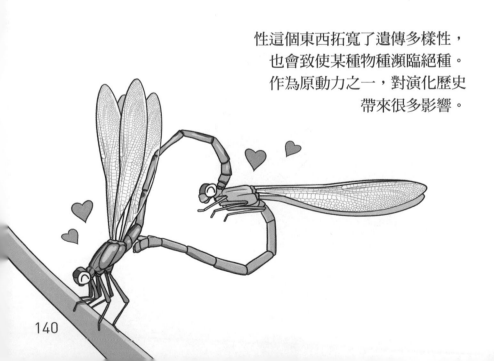

Orgyia antiqua

第11章
演化與性（Sex）

對所有生命體而言，繁殖是重要的問題。

衝吧！只要在3億條子孫當中存活兩條便是成功！

是殭屍，殭一屍。

在現有環境裡忠實地存活下去。

生孩子就是要把自己的基因傳承給後代。

就算我死了，我的基因會傳給我的孩子，再傳給孩子的孩子，再傳給孩子的孩子的孩子…

區區的生存機器，你還真長舌耶～哈

要是因不受異性喜愛，連繁殖的機會都沒有，
這樣為了生存所受的罪不就都白費了嗎？

請注意！這裡講的就是你，
願你一路好走。

所以，搏取異性好感
這問題十分重要。

這世界上的所有物種有
90%以上的雄性，因沒
能接近到雌性，全都死
光光。

10億年前，自從誕生了有性生殖的行為之後，
我們生物為搏取異性的好感，展開了令人掉淚的鬧劇。

看我一眼吧！！！
快對我感興趣！！
愛我吧！！！

?

143

像這樣想要被異性選中的激烈鬥爭，便稱為性選擇。

在1859年達爾文提出性選擇跟天擇，
它們是演化的原動力。

它與天擇不同，達爾文提出過了100年後，它才受到矚目。

性選擇也有各式各樣的模樣，而這方面如下。

首先是同性別之間競爭的性別內選擇，
它就是為了一個異性，相互都想占據牠而打架。

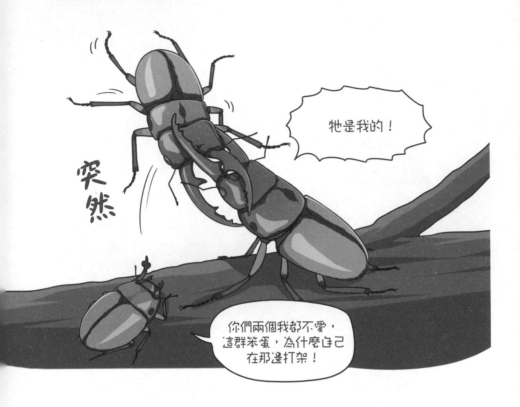

這樣下去，就出現了令人無言
的生物戰鬥裝進化。

另外一個就是性別間的選擇，
為了被異性選中，
進行感人的鬧劇。

這也就是為了被異性相中，
才會看起來很華麗所做的競爭。

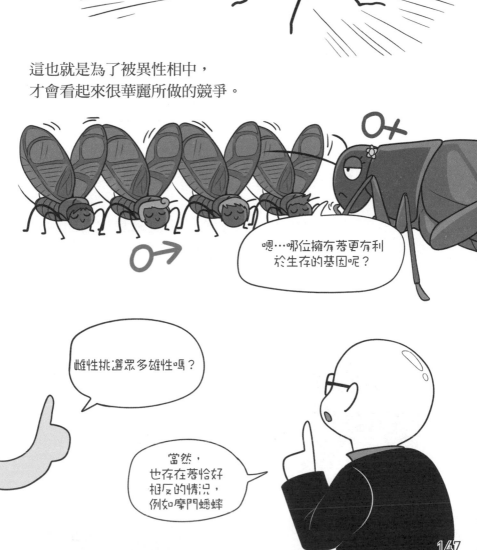

大角鹿的巨大鹿角深受雌性的喜愛，且對繁殖有利，但是它太大了不利於生存。

因此最終絕種了。

前面介紹的兩種性選擇，
跟同性競爭或是為了打扮給異性看，
這樣的話…

又大又美的
角與褶邊

又大又美的下顎

雌性為了打扮美美的給異性看，
相互競爭的相互性選擇。

於是看起來一不小心就會對生存不利的選擇要素，
牠承受住這種風險後，最後存活下來，
此時展現牠自身的遺傳優越性。

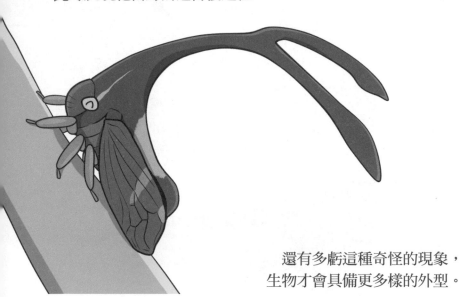

還有多虧這種奇怪的現象，
生物才會具備更多樣的外型。

那個，我要發問。

歐巴，拜託你不要找我聊天
／（雙關：不要找鳥聊天）

那我找牛聊天
怎麼樣？呵呵

哦！在棒球官網私
訊裡，被拒絕的可
憐鳥先生，你要問
什麼？

昆蟲在陸地上占據一席之地，旺盛之際的古生代後期之海洋洋歷
韓國地質研究院地質博物館裡陳列的部分插畫，將它編輯使用。

雌雄異型

　　在第141頁的飛蛾，左邊是雄蛾，右邊是雌蛾，因為雌蛾沒有翅膀，牠會散發費洛蒙，而有翅膀的雄蛾則會自己找過來，依據性別有著這種外型上的差異，我們稱它為雌雄異型（sexual dimorphism）。舉例來說，高砂深山鍬形蟲、蓑蛾、獅子、鹿、劍龍（雖然牠可能存在著爭議）、人等等…都是這樣。

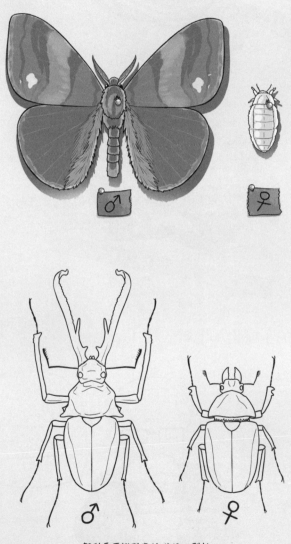

智利長牙鍬形蟲的雌雄二型性

對所有生物而言，繁殖是第一順位的課題。

如求愛中的恐龍

如同前述看到的性選擇那樣，
昆蟲為了繁殖，牠們使出洪荒之力。

就像牠們的多樣化，牠們的性生活也是形形色色。

哈哈！現在的心情就
好比是在說有品味的
下流低俗故事。

那麼從現在起，
仔細地來瞭解吧！
它會很有趣的。

第12章
原始昆蟲的性生活

這章節的標題叫做「昆蟲的性生活」，會下這標題，
是因為昆蟲並不是單純交配完就結束的這種無聊生物。

昆蟲用非常多元的方式求偶後，就開始交配的性生活。

首先，先從和昆蟲相當接近，卻又不是昆蟲的原始節肢
動物 —— 彈尾目（俗稱跳蟲或彈尾蟲）的交配生活開始
介紹吧！

像牠們，生殖器都不用相互接觸就能交配。

雄彈尾蟲會在雌彈尾蟲經常活動的範圍射精⋯，

之後，將自身的精液滾成一顆圓圓的球後離開。

這稱為「精莢」

而路過的雌彈尾蟲發現後，就會將它撿起來放進自己的肚子裡。

這就是彈尾蟲的交配方式。

雖然對這個很陌生，但也是有不少昆蟲是把精子做成精莢的形狀，然後傳給對方，畢竟只要精子能夠傳給卵子就行了。

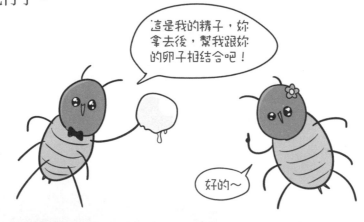

當然，多數的昆蟲採取的交配形態是將膨脹的雄性生殖器
插入雌性的生殖器，再進行射精。

昆蟲的雄性生殖器大部分會鼓起，膨脹成鉤子狀，
固定於雌性昆蟲的陰道裡，有這樣的特徵。

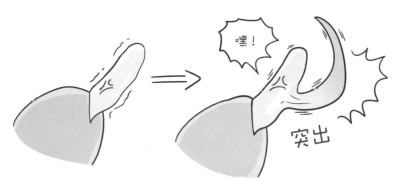

雌性昆蟲的陰道果然是剛好符合相同種類的雄性生殖器，

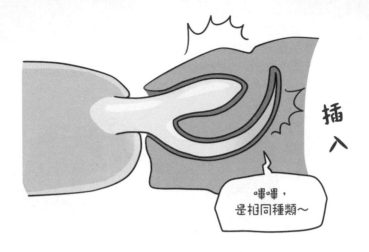

實現與其他品種雜交，大多數在物理上是行不通的。

（也有這種傢伙）

當然有時可以跟其他品種進行雜交，

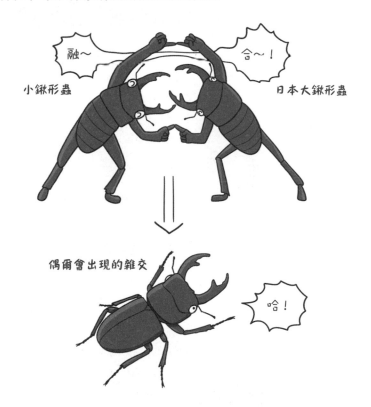

如此誕生的孩子通常都不健康、會早死，
或是即使健健康康長大，不孕的可能性也很高。

假設以雜交方式誕生的孩子有繁殖能力，

此時應該要合理懷疑一下，
是不是誤認對方是其他品種，說不定牠是相同品種。

就現今的生物學來看，這是區分品種的一般基準。

繼彈尾蟲之後，以最早的昆蟲姿勢現身的石蛃目昆蟲，
至今為止依然生存著，交配繁殖過得很好。

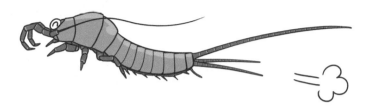

由於鮮少人研究這種有魅力的石蛃目昆蟲，
因此沒有明確的研究結果。

可以觀察到交配前雄蟲會敲雌蟲的背，
同時做求愛動作。

看到了嗎？雖然石蛃目昆蟲
長得很惹人厭，但是牠們也
懂得做這種動作。

不要再瞧不起石蛃目昆蟲了

實際上像這樣邊敲邊
求愛的動作，並不是
石蛃目昆蟲才有的特徵。

我們做錯了，我要道歉，對不起
（我會全做的）

住在地上的蜘蛛也會在地上敲打著節奏進行求愛。

這是為妳唱的歌。

哆哆哆哆咚咚～

感動

住在蜘蛛網上面的蜘蛛則是撥弄蜘蛛網的線，
踏著節奏進行求愛。

這是為妳唱的歌。

叮咔叮咔叮～

感動

水黽踏在水面上，用水波紋傳遞求愛節奏。

在古生代泥盆紀初次登場的原始石蛃目昆蟲，
是不是也是用這種方式求愛，這就無從得知。

對住在地上的生物而言，看起來好像沒有選擇權。

這樣下去進入古生代石炭紀，

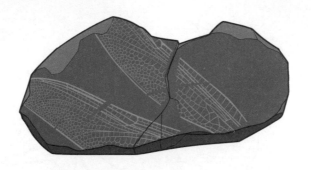

昆蟲附著翅膀，

脫離地面，完全可以
享受與眾不同的性生活。

水黽的求愛

　　雄水黽踏在水面上，以水波紋方式傳遞給雌水黽求愛的節奏。關於這種行為也有用其他觀點去看的研究，結果顯示雄水黽透過水波紋並不是向雌水黽求愛，而是想吸引捕食者過來。也就是說，威脅雌水黽，叫牠趕快跟自己交配，因為捕食者會過來。

環物種

　　在生物學上很難確切地定義名叫「種（species）」的東西是什麼，尤其是形態上或生殖上的差異。以此為基準去區分物種，只適用於部分可視型生物，而植物或無性生殖的細菌般的微生物，區分它的品種時便難以適用。

　　起初「種」這個概念，是人類以人為基準將延續不斷的自然進行分類，所以這個概念只會模糊不清，見到環物種（ring species）的時候，可以得知此事實。北極海周邊的海鷗（lanus）居住於環狀棲息處，牠們可以跟其他個體群相互交配，但是居住於環狀兩端的個體是不能進行交配，這種例子便稱為環物種。

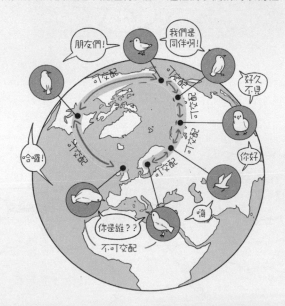

古生代石炭紀，
昆蟲初次飛在天空中。

到了現在，當時大部分的昆蟲早已絕種。

蜉蝣跟蜻蜓保持當時的模樣，存活至今，
並且表演空中交配給我們看。

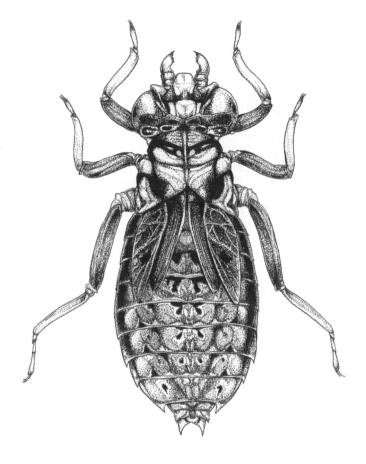

第13章
原始翅膀昆蟲的性生活

蜉蝣的英文學名是Ephemeroptera（活一天的翅膀），
猶如牠的學名般，牠是以只活一天的昆蟲聞名。

然而蜉蝣在水裡度過幼蟲期的時間是6個月到1年。

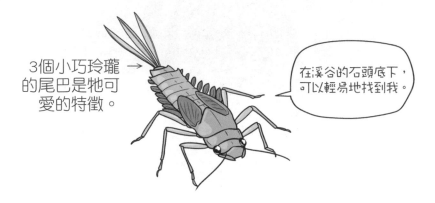

也就是說，牠人生大部分時間都在幼蟲時期，
牠們是速戰速決的傢伙。

牠們成為成蟲只有一天的時間，
可以飛翔在天空。

而此時正是交配的時候。

蜉蝣的交配群體
可是惡名昭彰。

在空中飛的蜉蝣形成婚飛群體，此時雄的會聚集在一起，
這是為了吸引雌的所制定的一種戰略。

（蜉蝣的一生大部分時間都在水裡度過，
因此交配場所的水質真的很重要。）

雄蜉蝣用長足抱住雌蜉蝣，
在空中進行交配。

這兩隻相愛完畢後，毫無元氣地掉落到水面上方，
雄蜉蝣會立即死亡，
而雌蜉蝣將卵產出後也會死亡。

在此過程中，牠們容易成為捕食者的獵物，
但由於蜉蝣的飛行能力不佳，因而用量多決勝負。

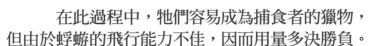

陸上捕食者吃掉群體飛行的蜉蝣，
而水上捕食者吃掉壽終正寢的蜉蝣。

還有牠們在過去也是這樣。

因此，有活化石之稱的蜉蝣
以交配形態保存著牠最初的飛行。

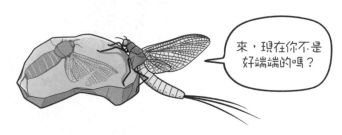

來，現在你不是
好端端的嗎？

還有蜻蜓也是活生生的化石，跟蜉蝣一起保存著原始翅膀。

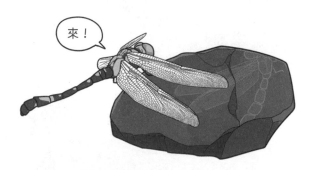

來！

蜻蜓的翅膀不會合起來，
交配時以形成美麗的愛心形狀著名，
但只要詳加瞭解，可以窺探到裡面隱藏著激烈的戰爭。

看似美麗但實際上是
殺氣騰騰的戰爭。

普遍來說，雌雄相見時會求愛且交配。

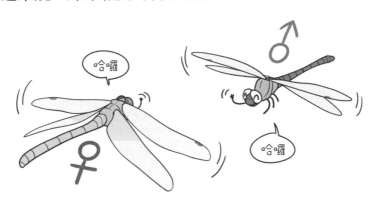

哈囉

♂

哈囉

♀

但如果是雌蜻蜓早已跟其他雄蜻蜓進行交配的話，

我已經有伴侶了

雄蜻蜓會用湯匙般的生殖器，伸入雌蜻蜓的肚裡，
把其他雄蜻蜓的精子挖出來，再把自己的精子放進去。

然後牠會跟著雌蜻蜓，
在旁邊監視雌蜻蜓，直到雌蜻蜓產卵為止。

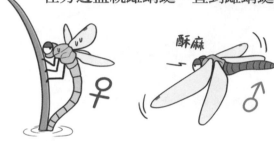

這可以說是一種執著，牠想要阻隔雌蜻蜓跟其他雄蜻蜓
交配，並且確認自己的基因傳承到下一代。

我想要表達的較擬人化，
所以我相當小心翼翼地畫出來，
而蜻蜓真像是人渣。

擅自將昆蟲擬人化，
這是錯誤的。

177

搖蚊會以某個視覺標誌為聚集場所，
而人頭就是相當清楚的標誌，所以才會持續跟著過來。

總之，這種昆蟲的交配對昆蟲來說，
無論是以前還是現在，都很有人氣。

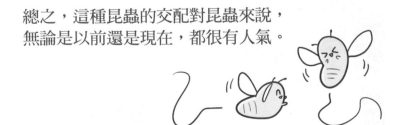

即使是最原始有翅膀的蜉蝣也在空中交配，
而演化得最複雜的螞蟻也會舉行名叫「結婚飛行」
的大規模空中交配。

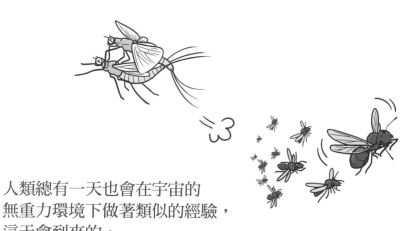

人類總有一天也會在宇宙的
無重力環境下做著類似的經驗，
這天會到來的。

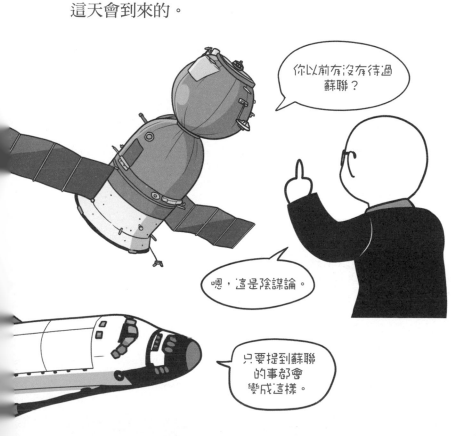

你以前有沒有待過
蘇聯？

嗯，這是陰謀論。

只要提到蘇聯
的事都會
變成這樣。

179

昆蟲的翅膀

　　昆蟲的翅膀常見的是兩對，不過有時可以看到三對翅膀的昆蟲，這是屬於古翅類的早期原生翅膀昆蟲。在第一胸節也附有一對翅膀，總共有三對翅膀。然而，即使用兩對翅膀飛，在飛行上也毫無阻礙，反倒是每次振動翅膀時，因會相互拍到，所以它是不需要的，才會使它退化。

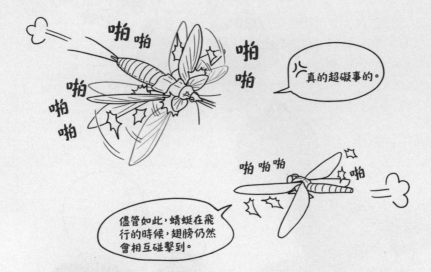

181

這是蟑螂琥珀寶石。

它是富含數億年昆蟲演化史的寶石。

給我滾。

第14章
昆蟲的求婚禮物

昆蟲在激烈的演化現場中，發展多樣的求愛形態至今。

視覺上

聽覺上

Ich liebe dich ♪

我放屁了啦～

嗅覺上

你一定要說出來嗎？你好髒。

其中某些昆蟲乾脆送求婚禮物，

用以提升自己交配的機率。

這是為了補充產卵所需的營養成分才吃的。

雄蟲以這種理由準備求婚禮物，而禮物有3種。

第一、雄蟲會親自找來，像長翅目昆蟲或蒼蠅這種，

第二、從雄蟲體內製造出來。

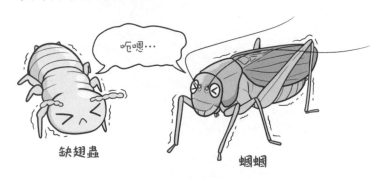

缺翅蟲

蟈蟈

蟋蟀在交配時，雄蟋蟀會在雌蟋蟀的尾部
製造富含營養成分的精莢，再掛在牠的尾部，

雌蟋蟀則是吸入掛在尾部的精莢，並且完成受精。

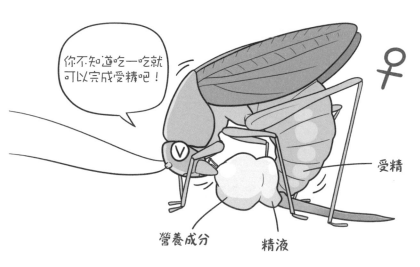

你不知道吃一吃就
可以完成受精吧！

受精

營養成分　　精液

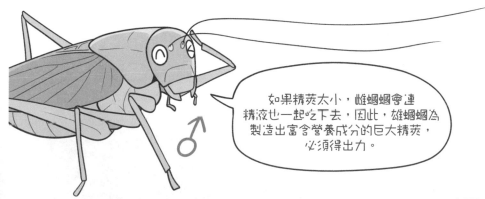

如果精莢太小，雌蟋蟀會連
精液也一起吃下去，因此，雄蟋蟀為
製造出富含營養成分的巨大精莢，
必須得出力。

一般來說，雌蟲在選擇另一半的時候，為了產卵或生小孩跟
育兒的問題，擁有慎重的選擇權。

但在繁殖時，雄蟲會為了製造營養成分，花費很多力氣。

結果變成是雄蟲擁有選擇權，雌蟲之間為了被選中，
相互競爭，也存在這種昆蟲。

然後期待已久的第三個禮物
就是把自己貢獻給雌蟲。

螳螂的同類相食
正是最佳例子。

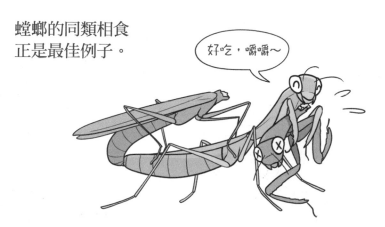

螳螂在交配中，雌螳螂會啃食雄螳螂的頭部，
牠們以這個聞名。

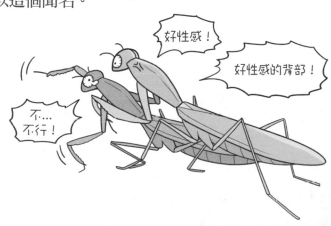

雌螳螂不只是可以得到產卵所需的營養成分，

還可以讓中樞神經下達命令讓想逃的念頭消失，
牠更能專注在交配上。

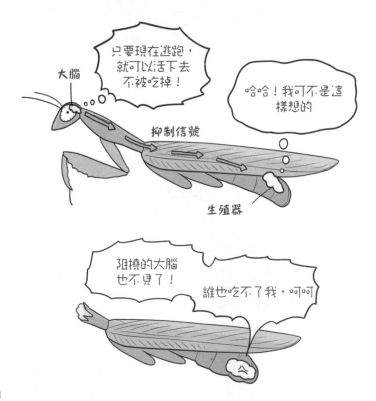

為交配所送的禮物，理所當然不是只有給食物。

蝴蝶與飛蛾會給鈉當作結婚禮物，

可以看到雄蟲會聚集在糞便、小便
或污泥等地，攝取礦物質的模樣。

甚至，在某種蝴蝶中，雄蝶會在禮物中帶來毒物，
為雌蝶噴灑毒物，讓牠可以防禦。

此處有趣的是，部分的雄蒼蠅在交配之前，
會把禮物包在繭裡面，再交給雌蒼蠅。

偶爾會有厚臉皮的雄蒼蠅，牠會把樹枝或葉子之類沒用
的東西包在裡面，趁雌蒼蠅打開禮物的時候進行交配，
交配完後再落跑，常有這種吃霸王餐的雄蒼蠅。

#昆蟲的叫聲

昆蟲的翅膀除了飛行以外，也會用於摩擦發聲。多半是雄蟲為誘惑雌蟲所發出的聲音，周遭常見且經常聽得到摩擦翅膀發出聲音的昆蟲，聲音如下：

棺頭蟋	特特特特　特特特特　特特特特（4拍停頓一下）
小扁頭蟋蟀	特勒勒特勒勒特勒勒（連續的感覺）
黃斑黑蟋蟀	嗶唎─嗶唎─嗶唎─嗶唎─
鬥蟋	唧唧吱吱　唧唧吱吱
大扁頭蟋	規規規規規規規規規規規規規
黃臉油葫蘆	厚漏漏勒漏漏歐歐漏勒勒勒
鈴蟲	得漏漏漏漏漏得漏漏漏漏漏（特特特特特特）
長瓣樹蟋	利利利利利 利利利利利利利利利
紡織娘	絲─著！絲─著！絲─著！絲─著！絲─著！
日本條螽	吃滋滋吃滋滋滋吃滋滋滋滋滋
長尾華綠螽	嘰嘰嘰嘰咿─
蟈蟈	嘰都勒勒勒勒勒勒勒勒勒勒勒勒勒勒 （急速抓洗衣板的聲音）
烏蘇里盾螽	走（都）勒勒勒勒勒！走（都）勒勒勒勒勒！ 走（都）勒勒勒勒勒！
小翅螽斯	七唎七唎─七唎七唎─
中華草螽	追─追─追─追─
黑脛鉤額草螽	滴咿咿咿咿咿咿─
東方螻蛄	嘰咿咿咿咿咿咿咿咿咿咿咿咿咿咿

分布於低海拔山區、熱帶性種類：

寬翅紡織娘	織-織-織----織-織-織----織-織-織----（叫聲非常大聲）
脊螽	嘰咿咿咿咿咿咿咿咿（叫聲非常大聲）
雲斑金蟋	今嘰唎鈴─今嘰唎鈴─
梨片蟋	唎唎唎唎唎鈴─唎唎唎唎唎唎鈴─
伊凡杜蘭蟋	咕唎咿─咕唎咿─

這是昆蟲標本超無解的三兄弟！

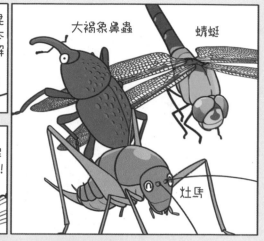

大褐象鼻蟲 蜻蜓 灶馬

超無解三兄弟！

哎喲喂！觸角斷掉了！

牠的觸角與腳每天都斷掉，搞不好牠的觸角根本沒有接好。

幫我塗眼珠吧！

其實水汪汪的眼睛是假的，牠每天都在轉動脖子。

盯著看吧！

呆滯。

前面看過了昆蟲的奇怪性生活。

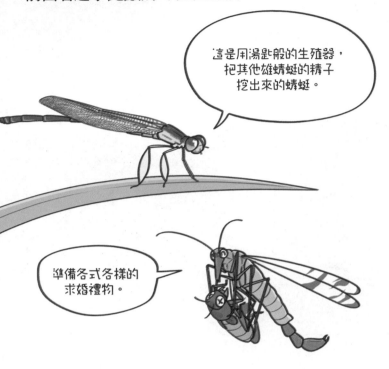

這是用湯匙般的生殖器，把其他雄蜻蜓的精子挖出來的蜻蜓。

準備各式各樣的求婚禮物。

不過還沒結束，下一章節的內容是較成人的，
閱讀時請當心。

厲害的話，一天可以進行15次交配。

我可以同時跟3隻進行交配～辛苦了，呵

FBI WARNING

這一章的內容帶點色情，不過是昆蟲內容，不會產生問題，但還是請
各位讀者當心翻閱。另外，此部漫畫提到的昆蟲性交行為絕對不可以
隨意用在人類身上，或是過分解讀。漫畫只不過是將昆蟲擬人化而
已，昆蟲歸昆蟲，人類歸人類，請勿混淆！

第15章
昆蟲的奇怪性生活

名叫溫帶臭蟲的昆蟲，牠以刀刃般的生殖器著名。

刀刃般的生殖器可任意地插入雌蟲的腹部，
然後進行交配。

如此一來，精液就會混合雌蟲體內
的血液，跟著流動完成受精。

然而，雄臭蟲對插入生殖器一事沒那麼謹慎，
牠也會插入雌臭蟲的胸部或頭部進行交配。

（這樣也能完成受精）

還會頻繁地見到雄臭蟲對雄臭蟲插入生殖器。

甚至有其它種類的臭蟲，
不管三七二十一向其他昆蟲插入生殖器。

果蠅的精子是世界上最大的精子。

某些品種的精子長度有17公釐長，
比人類的精子大上300倍。

果蠅的超長精子

這種巨大精子一生只能生產幾百個，
不過牠卻以近80%的受精率自豪。

此種嚙蟲目名叫奈歐特路克拉（Neotrogla curvata），
牠顛覆一般人的認知進行著性生活

雌蟲會將生殖器插入雄蟲的身體裡。

雌蟲從雄蟲體內吸取精子後，放在自己的卵子裡使之受精
並產卵。

魔女呀‧‧‧啊啊

雌蟲將生殖器插入雄蟲的陰道，
陰莖在插入後會迅速膨脹。

三疊紀時期登場的竹節蟲
幾乎不進行交配。

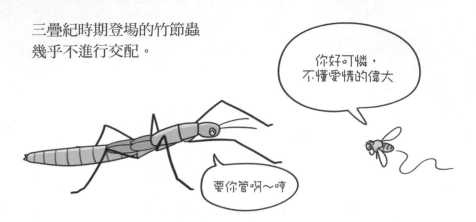

雌蟲在不交配的情況下產下的受精卵，會孵化成雌蟲，而透過交配產下的受精卵，會孵化成雄蟲（稱為單性生殖）。

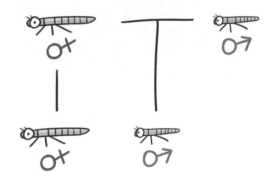

一般來說，雌蟲會排斥跟雄蟲交配。

這樣下去，雌蟲不進行交配持續生下雌蟲，
反覆發生這種情況，會致使雄蟲變得稀少。

所以大多數的竹節蟲沒有爸爸。

部分黃鉤蛺蝶中的雄蝶成蟲，
會強行跟蛹狀的雌蝶交配。

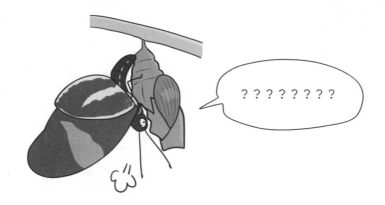

受精完成。

像這種強行跟蛹狀的雌蝶交配的情況，
也會發生在一部分的螞蟻身上。

〔當心起雞皮疙瘩〕衝擊！你不知道的昆蟲驚人性生活
點擊次數54

 刷存在感TV　　　　♥請您幫我按讚與訂閱哦♥

下支影片

 〔Tvple網站〕大虎頭蜂VS超巨大蜈蚣

 〔weak form〕呦齁？！如果螞蟻的腳全都斷了，會發生不可置信的10件事

#昆蟲研究之幽默諾貝爾獎 ────────────

　　奈歐特路克拉（Neotrogla curvata）的雌蟲將生殖器插入雄蟲的陰道後，會在其膨脹的形態下完成交配。日本北海道大學的吉澤和德（Yoshizawa Kazunori）教授在巴西的洞窟裡發現此種蟲子，於是和德教授在2017年獲得幽默諾貝爾獎的生物學獎。每年頒發幽默諾貝爾獎給提出「既搞笑又有趣的研究」的一位獲獎人，他可以獲得10兆辛巴威幣的獎金（以2015年為基準，辛巴威幣值換算成台幣是100元），或是以幾乎用肉眼看不到的1奈米黃金磚當作獎金贈與獲獎人。在幽默諾貝爾獎之中，尤以昆蟲研究佔大多數，以下是關於昆蟲的授獎內容：

1994年昆蟲學獎
獸醫羅伯特‧羅佩茲（Robert Lopez）：為理解貓的心情，直接把貓耳的壁蝨放入自己的耳內，這項貢獻讓他獲得昆蟲學獎，但是壁蝨不是昆蟲而是蜘蛛。

1997年昆蟲學獎
佛羅里達大學的麥克‧浩斯泰特洛（Mark Hostetler）：
他的貢獻是進行有關區分受汽車衝撞而變扁的昆蟲之方法

1999年科學教育獎
堪薩斯州與科羅拉多州的教育委員會：他的貢獻是刪除教程中的查爾斯‧羅伯特‧達爾文（Charles Robert Darwin）的演化論。

2005年和平獎
英國紐卡素大學的克萊兒林德（Claire Lindh）與彼特席夢思（Peter Simmons）：他們的貢獻是給蚱蜢看星際大戰的精彩畫面後，研究牠的腦神經反應。

2007年生物學獎
荷蘭愛因荷芬理工大學的喬安娜‧潘普‧隆斯匹克（Johanna Pan Brunsvik）：
他的貢獻是針對在床上睡一晚的期間，將可以看到的昆蟲或蜘蛛等
節肢動物、細菌、青苔、黴菌、小家鼠的數量進行調查，
進而加以研究。

2008年生物學獎
法國研究團隊：他們的貢獻是揭開狗身上的跳蚤跳起來的高度，
比貓身上的跳蚤高出平均20公分這個事實。

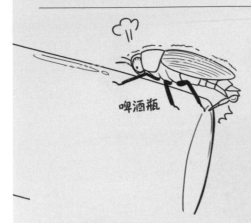

啤酒瓶

2011年生物學獎
澳洲的泰勒格威爾（Darryl Gwynne）與大衛雷特茲（David Rentz）：他們的貢獻是揭開珠寶甲蟲誤認丟棄的啤酒瓶為交配對象，試圖要跟它交配這個事實。然後，由於此事實成為攸關珠寶甲蟲的生存之一大問題，因此考量動植物的交配習慣，須製造啤酒瓶，這是他們留下的建議。

2013年生物學、天文學共同獎
瑪利達格（Marie Dacke）的研究團隊：他們的貢獻是發現非洲的糞金蟲迷路之際，牠們望著太陽、月亮、銀河找路這個事實。

2015年生理學獎
亞利桑那州立大學喬斯汀休米特（Justin Schmidt）博士與康乃爾大學研究生麥克史密斯（Michael Smith）：他們的貢獻是親自體驗被150種昆蟲咬或叮，整理出各自的痛苦指數，然後全身每一處再被蜂針刺入超過200次，感覺哪個部位最痛、哪裡最不痛，進行此項研究。研究結果顯示，被子彈蟻咬或叮比一般蜜蜂痛150倍，而最痛的部分是鼻孔、上唇、生殖器；最不痛的部分是頭頂、手臂、腳中指。在頒獎典禮上，他們穿著蜜蜂人偶裝來領獎。

2016年文學獎
瑞典的弗雷德里克‧斯約伯格（Fredrik Sjöberg）：他的貢獻是撰寫3本有關收集已死的蒼蠅與未死的蒼蠅的趣味書籍。

現代昆蟲之父「尚－亨利・法布爾（Jean-Henri Fabre）」

感到諷刺的是，與《漫畫昆蟲笑料演化史》這本漫畫主題截然不同。

法布爾不相信查爾斯達爾文（Charles Darwin）的演化論。

第16章
獲得的行為模式

法布爾觀察到
活體昆蟲之詭異行為。

螳螂與蜜蜂、

蝴蝶與螢火蟲等等……

看到昆蟲複雜、細微又有體系的行為令他驚嘆，
這種行為難以透過物競天擇獲得演化，
以上是他的看法。

細讀這10本書
可以得知
他如何評論演化論

法布爾
昆蟲記

211

法布爾留心觀察黃蜂的行為，

黃蜂藉由寄生方式度過幼蟲時期，
而黃蜂媽媽會用蜂針螫其他昆蟲使其麻痺，

之後把牠埋在洞窟裡，方便產卵，使黃蜂的幼蟲長大。

正當黃蜂把蟋蟀當成寄主帶回洞口的時候，

法布爾觀察到黃蜂會先把蟋蟀擱置一旁，
進去洞裡檢查洞窟。

法布爾在此處做了一個小實驗，
就是把置於洞口的蟋蟀放遠一點。

檢查完洞窟的黃蜂從洞裡出來，
看到遠離洞口的蟋蟀。

再把牠拖到洞口，

拖拖拖

然後再進去剛檢查完畢的洞窟。

應該沒問題吧？

一咻

這時，再次試圖把蟋蟀置於離洞口較遠的地方。

黃蜂檢查完洞窟出來後，
再次把蟋蟀拖到洞口，
又再一次進去檢查洞窟。

法布爾反覆進行此項實驗，共做了40遍。

黃蜂反覆做了40次相同的動作。

？？混亂
？？昏！

透過這個實驗可以得知黃蜂的行為，
如同演算法般有一定的步驟，

巨大測試中分析出的結果，導出下一步我要做什麼…

總是在聊到關於自由意志這種哲學性話題時，
這項實驗就很適合做為引用。

在相關的辯論會當中，這項實驗經常被引用到。

但是在這本《漫畫昆蟲笑料演化史》書中，這項實驗也有被引用到，因而或多或少降低自己的素養。

暨《法布爾昆蟲記》之後，1915年法布爾出版的
《The Hunting Wasps》裡有提及這項實驗，
據說最好要引用這裡面提到的。

在那之後，法布爾藉由其他群體發現每個個體存在著些許差異，並且觀察到牠們在某種程度上懂得變通的模樣。

日後在這本漫畫書中，或是在其他書中，可以看到大自然中專屬於昆蟲的獨特行為。

即便是牠們應該多少懂得變通，然而昆蟲的行為更趨向於物競天擇所決定的制式化動作。

不可能是那樣，所有的生命跟我們一樣會活動跟思考。

SAVE MOTHER EARTH

Science =EVIL

我聽說過度的浪漫主義會帶來非科學的結果。

因此反而更神奇又驚奇！

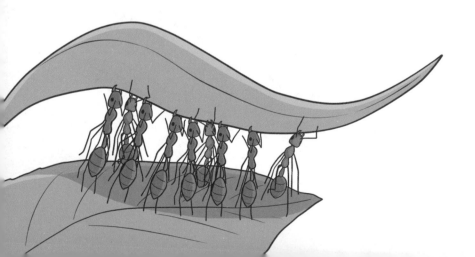

「科學告訴我星星距離我們多遠，還有它們的速度、質量、體積是多少，並且有相當多的星星數量我們難以估計並令我們詫異。然而，科學卻無法撥動我們內心的心弦，理由是科學裡藏著巨大的祕密。換句話說，那是因為它缺少生命的祕密，而讓那些行星發光的是什麼？我們的理性主張那裡跟我們的世界是相同的，那邊的世界裡存在著許多生命，他們正變換著各種面貌，這是有關萬物偉大的看法。但它僅止於看法，可以稱它為所有人都能理解的最佳證詞，能佐證它是證詞的明確事實，但並沒有任何有利證據能夠支持它。它只不過是看法，它存在著偶然性。假設我們真的把它當作事實去接納它，將會無法公然排斥它，它不是不容許任何懷疑的確定性看法。

蟋蟀啊！觀察你們的社會，會讓我感受到體內的靈魂與生命在顫抖，用相同的理由，我倚靠著迷迭香的籬笆，表現出有點呆滯的眼神仰望著白鵝座，聆聽你們夜晚的音樂會。我身體取得些許元氣，由於感覺到喜悅與苦痛而變得細膩，這時我能夠靠近被無限沉默包圍住的你們。」

－摘錄自尚-亨利・法布爾（Jean-Henri Fabre）

《昆蟲記》第六本，第十四章

有關蟑螂消滅法，我們要回溯到古埃及第十八王朝
（B. C. 1750~1304）

韓國某個遊戲廣告提到，
法老王決定消滅蟑螂，
這樣埃及才會更加文明。

在22公尺長的莎草紙上撰寫「死者之書」，
上面提到祭司在舉行儀式前，會念誦咒文用以趕走蟑螂。

離我遠一點吧！
低賤的蟑螂啊！我是神的獵犬

這時點燃具有驅除
效果的燭火

因為不希望蟑螂突然
跑進來搞砸儀式……

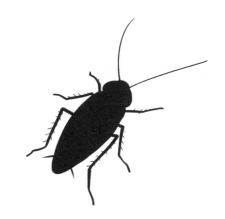

第17章
蟑螂的歷史

距今3億5千萬年前，蟑螂在石炭紀時期登場，
直到現在仍然很活躍。

當然石炭紀時期的蟑螂跟現在的蟑螂長得並不完全一樣。

以前的蟑螂擁有著超大的產卵器，
而且差別在幼蟲的腹部也較長。

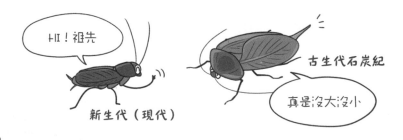

擁有產卵器的理由，是為了便於在植物的根莖上，
一個接著一個產卵。

牠以卵巢形態包覆著一堆卵，
與在身體上帶著走的現代蟑螂截然不同。

以密集的熱帶雨林與高氧氣濃度為傲的石炭紀時期，
它正是蟑螂的時代。

光是石炭紀地層裡發現的蟑螂化石就有800多種，
由於揭開此事實，可以得知當時昆蟲佔的比例是60％。

然而蟑螂本身有著優秀的生存能力，牠的外形堅硬，
可以輕易形成化石，加上牠住在沼澤附近，
這也是牠的化石會留存那麼多的原因。

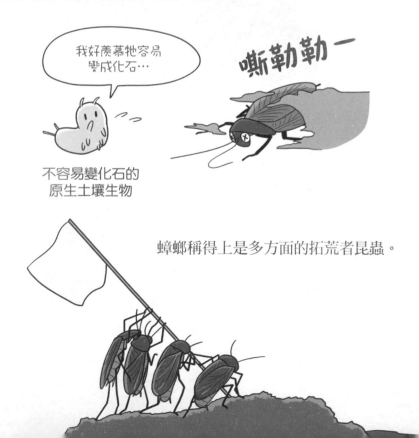

不容易變化石的
原生土壤生物

蟑螂稱得上是多方面的拓荒者昆蟲。

蟑螂最早啃食樹木，牠也是蠶食未來煤炭的罪魁禍首。

牠也是最早形成社會的生物。

每當脫皮的時候，牠們的肚子裡會失去分解樹木的細菌，因此，牠們會持續不斷吃著彼此脫下的外皮跟排泄物。
同時為了想要保有細菌，牠們開始了團體生活。

某些蟑螂會發出聲音，還有會發光，
甚至會照顧孩子的。

截至目前為止，蟑螂有4千多種，各具有不同的面貌。
牠們以數量多為傲，而且會跟著我們一起活下去。

儘管牠們是令人讚嘆不已的生物，但牠們是多數人討厭的對
象。

那是因為牠長得醜陋，且跑得又快。

227

蟑螂跟人類之間，從很久很久以前就有很多錯綜複雜的孽緣。

回顧演化史，說穿了人類跟蟑螂也算是吃與被吃的關係。

披髮蟲

　　名為披髮蟲（Trichonympha）的原生生物，牠居住在蟑螂的腸道裡分解纖維素，而白蟻的身上也有這個蟲，因此這個相似之處也可以佐證白蟻是蟑螂演化而來的一大證據。

披髮蟲

驚人的蟑螂們

　　發出聲音的蟑螂被稱為馬達加斯加蟑螂（Madagascar Hissing Cockroach），也可以叫作馬島「嘶嘶」蟑螂。而發出光芒的蟑螂是南美發光蟑螂（Lucihormetica Luckae）品種，還有吃奶的蟑螂在韓國也有棲息，牠的名字叫鎧甲蟑螂（Wood Roaches）。

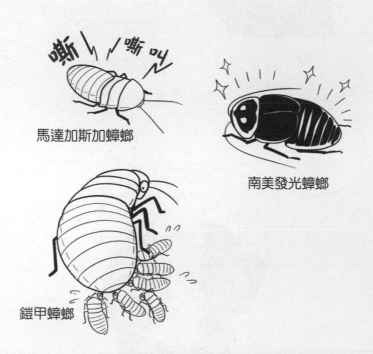

馬達加斯加蟑螂

南美發光蟑螂

鎧甲蟑螂

咇 咇 咇

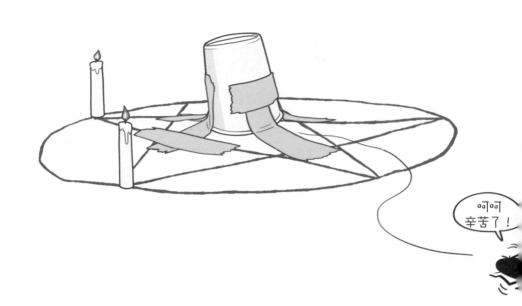

第18章
蟑螂的消滅與起源

蟑螂突然出現於家中時，
是雄的機率很高。

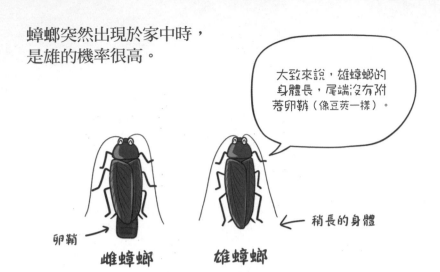

大致來說，雄蟑螂的
身體長，尾端沒有附
著卵鞘（像豆莢一樣）。

卵鞘

雌蟑螂　　　雄蟑螂

← 稍長的身體

雄蟑螂為了交配，牠的活動性會變高，
所以牠的翅膀會很長。

我要踏上尋找
愛人的旅程

飛呀
飛呀！

這樣說來，突然在家中現身是雄蟑螂的機率很高，
同時牠們不會在你家孵化出幼蟲。

既然蟑螂已經出現，整個
家便成為惡魔的巢穴，牠
們會日益猖獗…，阿門！

我是雄的，
不會孵蛋。
辛苦了

啪 啪 啪

於是「家裡出現一隻蟑螂，就等於家裡早已有數百隻蟑螂」，這句話其實是誇大的屁話。

然而，當你發現了3、4隻蟑螂，最好去檢查浴室、廁所、流理台下方、冰箱後方，因為蟑螂喜歡待在溫暖又潮濕的地方。

反之，
蟑螂無法忍受寒冷又乾燥的地方。

於是若家中持續發現有蟑螂，在冬天便少開暖器，
讓家裡感覺到有點冷會比較好。

理所當然，到了夏天蟑螂會悄悄地回來，
不過可以趁冬季期間阻止牠們繁殖。

家中常見的代表性蟑螂如下：

名字	美洲蟑螂	德國蟑螂	日本蟑螂	東方蟑螂
長相				
大小	35～40公釐	11～16公釐	20～25公釐	30～38公釐
身體特性	手掌般大小，超大隻	長得像手指頭，跑得超快	手指般大小，身體大又長！	
特徵	最大隻、很會飛、會咬人	亮棕褐色、背上有兩條黑色條紋	雌蟑螂的翅膀短	跟日本蟑螂相較之下，牠的翅膀長且有光澤
分布區域	台灣一般住家最多、最常見	世界各地，尤其在餐飲店	韓國中部地區	熱帶及亞熱帶地區
喜歡的地方	潮溼又溫暖的廁所、家電底部			
弱點	怕冷			

*圖片為實際大小

235

大家常說美洲家蠊（美洲蟑螂）
是「巴掌般大小的巨型蟑螂」。

> 再怎麼大，我也才超過
> 4公分一點點，竟然說
> 我是巴掌般大小，這是
> 我的榮幸。

> 這只是一種
> 舉例而已，
> 別太驕傲。

牠原本住在非洲西部，在大航海時代進入歐洲，
之後在朝鮮日治時期與產業化時代，
牠搭上運送原木材料這班順風車來到韓國。

> 多虧駐韓美軍，
> 我才能進來這裡。

全身顫抖

愛國

朝鮮半島
的驕傲之
斑點龍

羽毛左派
OUT

> 什麼？日治…？！
> 產業化…？！
> 駐韓美軍…？！？

牠是國內體型最大，移動速度也是最快、最會飛，
甚至還會咬人。

> 我是邪惡與恐怖的
> 化身！我們是一群
> 大壞蛋！！

此款蟑螂雖然取名為德國蟑螂，
但牠是遍佈在全世界的蟑螂。

林奈替生物取學名，由於他是在德國研究這隻蟑螂，
牠才會變成德國蟑螂。

有趣的是，德國那邊把德國蟑螂稱作為俄羅斯蟑螂。

綜合上述，住在家中的蟑螂之中，
有很多來自國外，並不是土生土長的當地生物。

美國跟歐洲也是一樣。

白蟻可以視作為蟑螂的一個品種，
本來在韓國境內看不到牠們，然而在朝鮮日治時期牠們
從日本進來，現在正在認真努力地啃食景福宮。

蟑螂是人類最厭惡的生物，因為牠們實在是太常出現了，當然會討人厭。

總之，牠們的身體實在是長得太結實，使用滅蟲之類的殺蟲劑也不管用，盡可能最好用衛生紙迅速抓到牠。

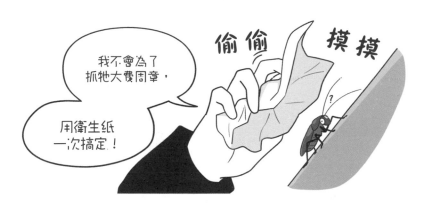

之後要殺牠，或是跑去偏遠地區將它放生，全都取決於各位的決定。

在此插話，以前曾謠傳蟑螂跟蝦子的祖先是同一位，
所以牠們的味道是一樣的，這句話並不完全正確。

說穿了，蟑螂與蝦子的祖先是同一位，那是很久很久以前的事。
有句話說海鞘與柄海鞘的祖先是一樣的，所以牠們的味道差不
多，跟這句話有著相同的說法。

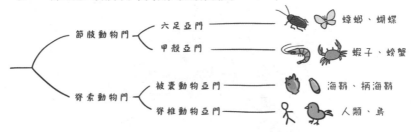

不過蟑螂的味道確實是蝦子的味道，
這是根據大航海時代，在船上食用過蟑螂的船員們的紀錄，
以及現在也有吃過蟑螂的人，所敘述的證詞得來的。

　　大航海時代蟑螂進入歐洲後，創造出各式各樣的蟑螂消滅法，我將介紹其中最奇特的蟑螂消滅法。這個方法是釋放獵食蟑螂的捕食者，大家主要推薦的是釋放白額高腳蛛（也叫作「喇牙」，在台灣是最大型的室內棲息蜘蛛）或是刺蝟。這雖然是不錯的方法，但非常不切實際。

如果票選每年人類殺死最多的生物，
蚊子絕對是拿冠軍。

蚊子在侏羅紀時期登場，牠吸了恐龍的血。

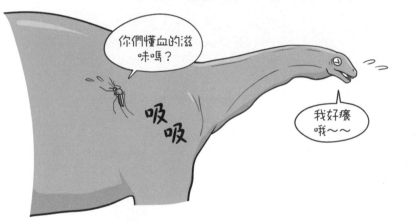

直到今日蚊子還存在著，吸著人類的血，
並且跟人類進行戰爭。

第19章
蚊子

蚊子遍布在全世界共有3,450種，而國內有53種。

但是，其中不吸血的蚊子佔多數。

甚至連侏羅紀公園電影中，出現的蚊子也是不吸血的。

大家都知道吸血的蚊子有一部分品種是母蚊，

為攝取產卵所需的營養成分，才會吸取動物的血。

侏羅紀時期蚊子登場後，就出現這種吸血行為，
那是傳承下來的古老傳統。

問題出在於蚊子特有的嗡嗡叫聲，

蚊子的振翅動作頻率屬於500～600HZ，這是誘惑異性所發出的聲音，但是對人類的耳朵來說，這個聲音卻聽得非常清楚。

被蚊子咬的時候會覺得癢，

牠們在吸血期間，為防止血液凝固，會吐出牠們的唾液來潤滑，而唾液成分會使人體的免疫系統出現反應，產生搔癢的感覺。

最大的危險正是蚊子傳染的疾病！

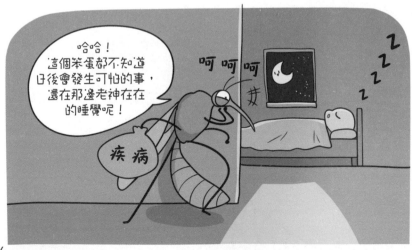

蚊子到處飛來飛去吸著血，同一時間傳染日本腦炎、黃熱病、象皮病、登革熱、瘧疾等疾病，

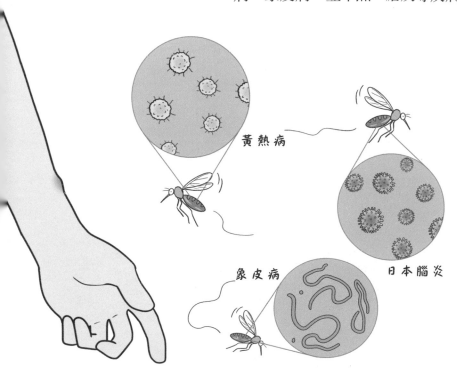

黃熱病

日本腦炎

象皮病

在這當中最有問題的是歷史悠久的「瘧疾」。

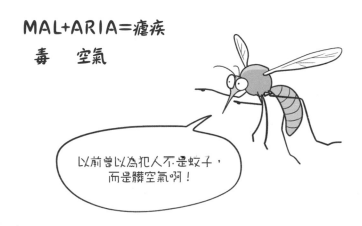

MAL+ARIA＝瘧疾
毒　空氣

以前曾以為犯人不是蚊子，而是髒空氣啊！

瘧疾是一年會使45萬人（最多曾達200萬人）死亡的疾病。

連強大的征服者亞歷山大帝，
也逃不過瘧疾感染的劫數，死於瘧疾。

可以得知，即使看到埃及的眾多木乃伊，牠們也沒在怕的。

到了中世紀有很多案例，便是因為瘧疾的緣故，
導致全軍覆沒…

有種說法是在中國古代，若丈夫要去瘧疾肆虐地區的時候，
會叫自己的妻子做好改嫁的準備。

瘧疾是寄生在瘧原蟲的微生物，而致使發病的疾病。

這小小的瘧原蟲藉由吸血的蚊子進入體內，
先是躲在肝臟裡，後來再入侵紅血球。

瘧原蟲在紅血球裡繁殖，導致紅血球破裂，
然後牠再入侵到其他紅血球，繼續繁殖。

就這樣經過8到15天的時間，感染者會持續
出現發熱症狀，身體會變得疲倦想睡，
最終入睡後一覺不醒而死亡。

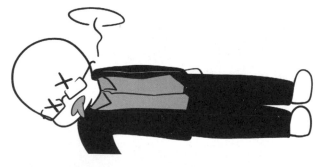

然而人類果然是為適應環境而演化的生命體，
人體會有辦法對付躲進紅血球殺死人類的瘧疾。

非洲有一部分的人，他們的紅血球變成鐮刀形狀。

鐮刀狀的紅血球會使紅血球運送氧氣的功能降低，
引發貧血，但是它具有阻擋瘧原蟲繁殖的功能。

如上述所說，蚊子對人類的演化有深遠影響，
是具有存在感的昆蟲。

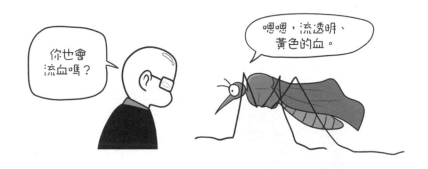

為了撲殺這種蚊子，人類開發了DDT這種殺蟲劑，
雖然看似人類快要取得勝利…

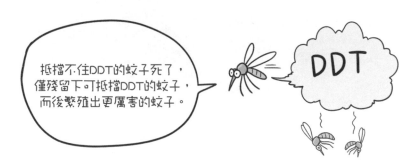

由於蚊子的快速適應能力，因而出現了
具有DDT抗藥性的蚊子。

近年來即使得到瘧疾，只要準時服用藥物，
就能輕易預防及康復。

人類與蚊子的戰爭，只要其中一方不消失，
戰爭就會持續下去。

#蚊子戰爭

　　人類與蚊子的戰爭追溯到基因偽造的階段，起初為了創造不孕蚊子，進行了放射線照射。但是經由放射線照射的蚊子，一開始毀壞了其它功能而引起問題，於是透過基因造假方式，讓雄蚊的生殖能力保持不變。到了下一代，為創造無法繁殖的蚊子而進行放射線照射，卻觸動了牠們的自殺基因，使得牠們摧毀自己的翅膀。藉由此方法，開曼群島跟加勒比海的登革熱病媒蚊成功減少了80%。

　　但是上述的兩個方法，也有可能會讓蚊子這種生物瀕臨絕種，於是它成為影響生態系的問題。此時出現了可以精準編輯基因的「CRISPR/Cas9基因編輯技術」，透過此項技術打造出「對抗瘧疾蚊」。

　　2012年初次在囓齒動物身上發現對抗瘧疾的抗體基因，而這隻蚊子透過移植基因方式得以製造出來。原本瘧蚊的瘧原蟲在蚊子體內生活，並且等待宿主出現，不過牠進入對抗瘧疾蚊的時候，會讓牠的生理週期變得不規律，且變得無法生存下去。儘管這是劃時代的方法，但是後代繼承瘧疾抗體基因的機率只有50%，歷經時代變遷之後，在牠們的群體裡面，擁有抗體基因的蚊子大幅減少，具備基因傳播速度慢的缺點。

　　綜合上述，運用CRISPR/Cas9基因編輯技術，使得我們想要的基因在團體中擴散開來。也就是使用「基因驅動」技術，在新創造的蚊子身上移植瘧疾抗體基因，同時使用CRISPR/Cas9基因編輯技術，這隻蚊子的後代從野生蚊子那裡繼承一般基因，將它剪下後於此處貼上瘧疾抗體基因，因此對抗瘧疾蚊的後代就會變成百分之百的對抗瘧疾蚊。

　　最終針對這隻對抗瘧疾蚊照射放射線，也不會讓牠的數量減少，還可以杜絕瘧疾這種疾病。但是關於這種規模的基因偽造，由於沒有前例，因此實施之前出現諸多爭議。

• 蚊子+瘧疾抗體基因

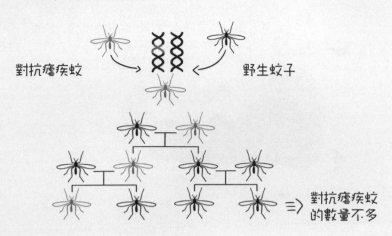

對抗瘧疾蚊   野生蚊子

⇒ 對抗瘧疾蚊
的數量不多

• 蚊子+瘧疾抗體基因+CRISPR/Cas9基因編輯技術
（基因驅動）

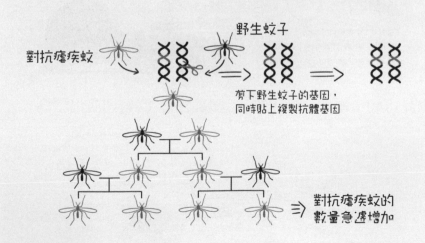

野生蚊子

對抗瘧疾蚊

剪下野生蚊子的基因，
同時貼上複製抗體基因

⇒ 對抗瘧疾蚊的
數量急遽增加

查爾斯‧達爾文（Charles Darwin）看到馬達加斯加島的蘭花蜜腺超過28公分說了這句話：

> 馬達加斯加境內，一定有可以吸取這種花的花蜜生物，牠應具有超過30公分長舌的天蛾。

然後達爾文死後過了21年，
在馬達加斯加那邊發現他當時預言的天蛾。

由此可知，達爾文早就知道昆蟲與植物的密切演化關聯。

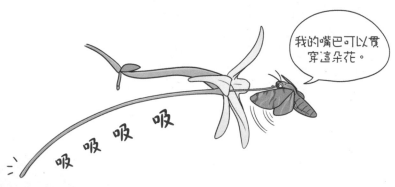

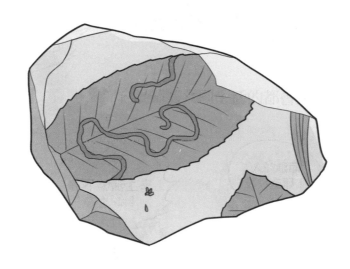

第20章
昆蟲與植物的共同進化

有植物的地方就有昆蟲，
有昆蟲的地方就有植物。

正因為如此，
植物與昆蟲有著
密不可分的關係。

馬上靠著這棵樹，
應該會看到螞蟻
吧？

於是昆蟲與植物相互給予莫大的影響，
並且踏上演化的過程一路走來。

給你～

給你～

是這樣啊…

看到昆蟲與植物的演化史，
距今已是極為遙遠的年代

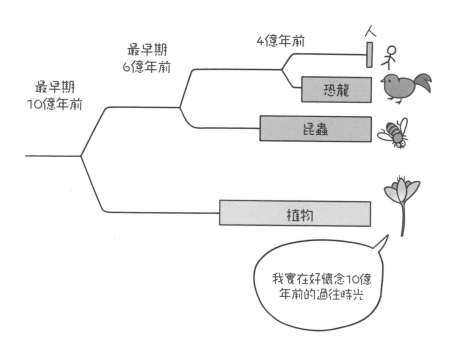

我實在好懷念10億
年前的過往時光

從石炭紀的化石來看，就能證實牠們的密切關係。

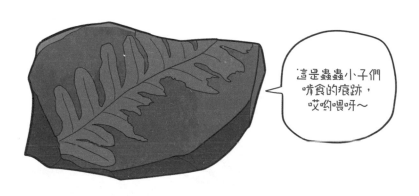

這是蟲蟲小子們
啃食的痕跡，
哎呦喂呀～

從石炭紀的植物化石來看，看得到昆蟲啃食的痕跡，
透露出當時昆蟲早已吃過植物的事實。

實際上，植物帶給昆蟲很多影響。

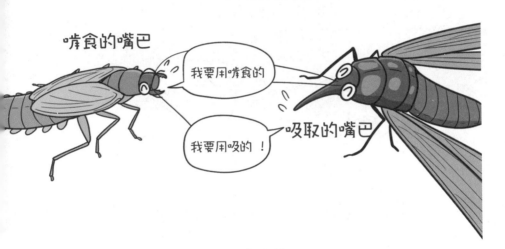

透過各種痕跡來判斷，
可以得知昆蟲的嘴巴有各種樣子。

植物長在地底下，提供環境讓昆蟲存活，
還幫助牠們飛到天上去。

就如前面強調的那樣，昆蟲的翅膀帶來
生態的旺盛與多樣性，它是一等功臣。

植物構成的多元化環境，
為昆蟲打造適合牠們的多樣化生態位置。

昆蟲同樣地給植物帶來重大的影響。

果然昆蟲為了因應環境，採演化的方式與之抗衡，
因而誕生了很多自然化合物。

甚至是一直以來只會防禦的植物，
藉由反擊，也可以引起生態地位反轉的演化。

還有昆蟲為了無法移動的植物，負起搬運的工作。

克服了植物的地理限制，使得演化變得更加多元。

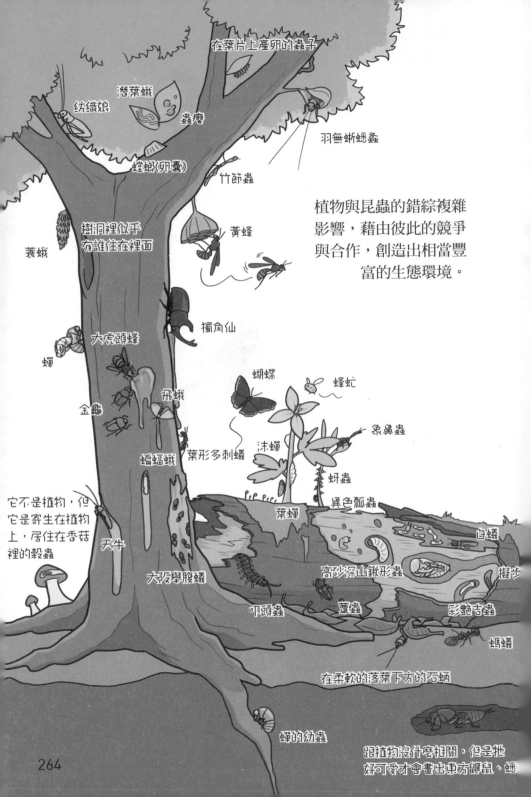

在葉片上產卵的蟲子

潛葉蛾

紡織娘

蟲癭

羽無蛴螻蟊

螳螂(卵囊)

竹節蟲

黃蜂

蓑蛾

樹洞裡似乎
有誰住在裡面

植物與昆蟲的錯綜複雜
影響，藉由彼此的競爭
與合作，創造出相當豐
富的生態環境。

蟬

大虎頭蜂

獨角仙

金龜

飛蛾

蝴蝶

蜂虻

象鼻蟲

沫蟬

蝙蝠蛾

葉形多刺蟻

蚜蟲

葉蟬

異色瓢蟲

它不是植物，但
它是寄生在植物
上，居住在香菇
裡的穀蟲

天牛

白蟻

擬步

大琶舉腹蟻

高砂深山鍬形蟲

叩頭蟲

蕈蟲

彩艷吉蟲

蟣蟻

在柔軟的落葉下方的石蛃

蟬的幼蟲

跟植物沒什麼相關，但是牠
好可愛才會畫出東方鼴鼠、蟋

264

還有，產出物其中之一的花

它在白堊紀時期登場，它跟昆蟲
聯手扭轉地球生態系的局面。

為什麼在你的身上
看不到時代的變遷
呢？

從結論來看，
它可是地球上最成功的
兩大集團分工合作的超大事件。

　　植物遭受蚜蟲、蝴蝶以及飛蛾等等這些害蟲的攻擊，這時藉由分泌化學物質吸引可殺死害蟲的寄生蟲過來，如此一來，無法移動的植物就能殺死害蟲，寄生蟲還可以找到宿主，等同雙方都有得到好處。

要是仔細觀察以寄生為主的細小昆蟲，也能看到牠們有羽毛之類的翅膀。如蜜蜂、蒼蠅、飛蛾、薊馬等這類的昆蟲，其身上便有翅膀，特別是比單細胞生物的變形蟲或比草履蟲還小的黃蜂（megaphragma）之類的蜂。牠的身體小到心臟可以不用跳動，所以牠沒有心臟（嚴格來說是背血管）。再者，在腦部構造這方面，由於牠實在是太小了，構成大腦的7,400多個神經元去除掉佔很多位置的神經核，反正神經細胞早已結束分化，所以不需要神經核，這類昆蟲甚至會引起這種細胞內部組織水平的演化。

黃蜂

草履蟲

變形蟲

植物進行有性生殖，花即是這類植物的生殖器。

然而，如果自己的雌蕊與花粉可以進行自花授粉，
有性生殖就不具任何意義。

於是，沒腳的植物為了要克服與其他植物之間
的距離問題，才會勾引昆蟲。

第21章
花的戰略

最初一開始植物沒有昆蟲的協助，
它們是依賴風把花粉吹到其他植物裡。

但是這種方式的授粉成功率低，
而且需要製造出很多花粉才行，這是沒效率的方法。

因此，在石炭紀有一部分植物，採取將花粉交給昆蟲這個戰略。

要是昆蟲吃掉花粉，一部分花粉會黏在昆蟲的身上，
進而傳送給其他植物。

這種方法比讓風吹走更有效率，就結論上來說，
它是成功的方法。

存活於當時的植物當中的麻黃，
它的授粉液有股香甜味，即以此香味誘惑昆蟲。

我們稱它為「花」的被子植物，它在白堊紀早期登場。

1億3,400萬年之後，發現這顆被子植物的花粉化石，它告訴我們的。

花製造出來的花粉…這個相當珍貴的呢！

這些植物對於前面提到種子植物
為了搬運花粉，讓昆蟲吃掉花粉的話，覺得有點驚訝。

狼吞　虎嚥

你不能全吃光！！

一定要在身體上沾到一些，傳送給其他植物才行！！

嗯嗯，明白，儘管相信我！

這些花提供「花蜜」給昆蟲當作是勞動的代價。

既然你幫我搬運花粉，我就依照約定送你花蜜。

272

蜜汁是自然中可以得到的最佳營養物質。

特別是昆蟲（或是蜂鳥），為了飛行不可以讓身體變沉重，對牠們來說，蜂蜜是一種高效能的能源補給品。

在植物的顧客群之中，蜂蜜是最適合客戶的最佳產品，其結果是花在植物之間取得勝利。

最終花扭轉植物的局勢，獲得勝利！

作為花的媒介的昆蟲繁衍至今。

尤其是鱗翅目，直到之前，都只是非常小的分類單元，牠們負責花的傳粉媒介工作，而且現在卻變成了昆蟲中數一數二的巨大分類單元。

然而就某方面而言，植物為了製造蜂蜜，必須要付出很多的能量，如此看來不像是合乎經濟效益的戰略。

其實植物用不著製造很多蜂蜜。

若是製造很多花蜜的花，餵飽來訪的昆蟲，如此一來，昆蟲就不會去其他花那邊，自然也就不會替其他的花在身體上沾著花粉了。

若昆蟲對花蜜太少感到不滿足，牠便會去找其他的花。

花不想要昆蟲只吸取完花蜜就回家，它們希望昆蟲能夠確實
完成傳粉工作，於是把花蜜藏到花的最深處。

多虧這個構造，使得昆蟲整個貼在花上面，
讓牠能夠沾到花粉，就算昆蟲吃不到花蜜，
牠們只要能沾著花粉回去，這樣做更有效率。

當然昆蟲不會就此善罷甘休，
牠為了吸取花蜜，使自己的嘴變長。

此時最快適應的昆蟲是白堊紀中期的蒼蠅與馬蠅，
牠們至今為止依舊活躍著。

當然，每當那種時候，
有幾種植物便會把花蜜藏得更裡面。

如此一來，達爾文看到了像蘭花這般擁有28公分蜜腺的植物，以及為符合那樣長度，用極長嘴巴吸取花蜜的長喙天蛾，難怪會誕生這樣的組合。

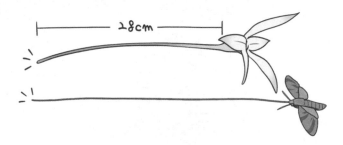

據說達爾文看到的蘭花跟親緣植物之間，
存在著蜜腺長達40公分的蘭花。

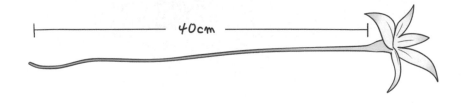

如同達爾文所說，我們可以預料到應該存在著
可對付那種花的某種昆蟲。

#凱利克拉瑪

　　名叫凱利克拉瑪（Kalligramma）的草蛉，在翅膀的272處繪有眼珠的紋樣。牠存在於侏羅紀中期到白堊紀前期，食用活躍於當時的裸子植物的花粉維生，並且做好傳粉的工作。看得出來，牠享有跟現今的蝴蝶差不多的生態地位。證據就是牠身上有像現在蝴蝶的大型眼珠紋樣，然而，後來由於裸子植物的傳粉媒介 —— 蝴蝶的出現，使得牠在生態系毫無立足之處，漸漸地數量減少，最後絕種了。如果現今的蝴蝶為了使鳥這種天敵錯亂，所以具有眼珠紋樣，這樣便可以推斷出來，以前的草蛉為了使翼龍與原生鳥類錯亂，在牠們身上才會具有眼珠紋樣。

中生代的凱利克拉瑪

現今的蝴蝶

279

艾德華·威爾森說過，住在巴西森林裡的1平方公里之處的螞蟻種類，比全世界的靈長目動物的種類還要繁多。

螞蟻學家兼社會生物學的創始人
艾德華·威爾森

一棵樹木棲息著43種螞蟻。

除了寒冷地區以外，所有地方都住著螞蟻。

海拔3,000公尺

當然牠們在寒冷的地方也會自製防凍劑，所以牠們能住在這裡。

螞蟻打從白堊紀時期便開始存活在地球上，
牠們在全世界以各種面貌擴展地盤，且覆蓋了整個地球。

我敢打包票，螞蟻是演化最成功的昆蟲。

第22章
螞蟻

說真的，在螞蟻登場之前，
古生代石炭紀存在著最早有社會性的昆蟲－白蟻。

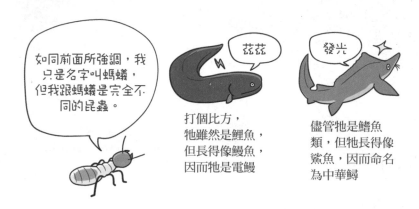

如同前面所強調，我只是名字叫螞蟻，但我跟螞蟻是完全不同的昆蟲。

茲茲

打個比方，
牠雖然是鯉魚，
但長得像鰻魚，
因而牠是電鰻

發光

儘管牠是鱘魚
類，但牠長得像
鯊魚，因而命名
為中華鱘

在那之後，居住在侏羅紀後期的各種昆蟲的祖先演化成蜜蜂、螞蟻、虎頭蜂，而進入到了白堊紀，牠們具備了社會性。

呆呆　愣愣

當時侏羅紀的祖先們不論是蓋房子及打獵，
都得靠自己完成。

人生是孤獨的!

這樣下去要是死了的話，
所有的辛苦努力將會化為泡影。

對具有社會性的後代子孫而言，也只不過是死掉
一隻罷了，相當於死掉一個身體的細胞。

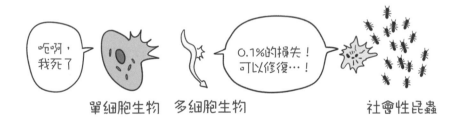

昆蟲的「社會性」戰略，可以把一個群體視為一個生命體，
這是很大的優點，多虧有此戰略才得以成功。

數隻昆蟲聚在一起的社會是強大的，且有流動性，
更是極為有效率的。

種種跡象，都可以簡單看出牠們的效率性，而我們在外面看
得到的螞蟻或蜜蜂，全都是年老的中年個體。

在外頭搜索、跟敵人打架以及狩獵，這些都是相當危險的工作。

於是，螞蟻或蜜蜂的社會，都是年輕人負責做家事，
老人則出去外面從事有可能隨時上天堂的危險工作，
這是個對老人不友善的社會。

我們年輕人仍有許多機
會，我們要做安全的工
作，認同嗎？認同～

再者，女王透過費洛蒙，還可以阻斷工蟻的生殖能力，這是
為了打造可以正常運作跟安全的社會。

要是不那麼做，家
庭會瓦解，社會會
解體。

果然是只重視效
率的社會，可以
知道會變成什麼
樣子。

就人類的觀點來看，牠們的社會令人覺得好殘忍，但這個組
織卻具有效率性。

社會主義只有在特定條件下才會
視為有效率，卡爾‧馬克思只不
過是選錯物種。

螞蟻學家

卡爾‧馬克斯

螞蟻相較於其他社會性昆蟲，牠們真的獨特到讓
其他昆蟲都無法模仿，牠們會展現出各種模樣。

透過費洛蒙的語言溝通，從沒有體系的原始社會開始。

去工作的鬥牛犬蟻

一直演化到具有分工化的階級與體系構造的複雜社會為止。

切葉蟻正在搬運
要用在農耕上的葉子

尤其是螞蟻，以複雜的形態跟其他生命體合作及共存。

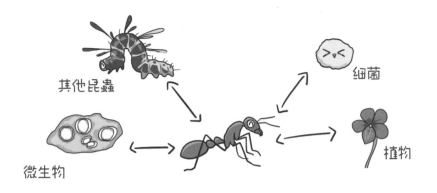

螞蟻養育及保護蚜蟲，換取蚜蟲的糖水，
牠們這種關係大家都知道，無需說明。

先是蝴蝶、蟋蟀、鞘翅類昆蟲等各式各樣的生物，
牠們住在螞蟻家，跟螞蟻一起生活。

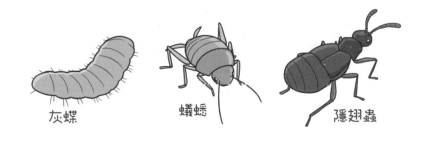

螞蟻也會跟植物合作，植物交付牠們種子移動的工作，然後
植物再提供名叫油質體的脂肪給牠們。

好東西就是
好東西嘛！

脂肪

種子

還有相思樹，乾脆提供居住空間給螞蟻。

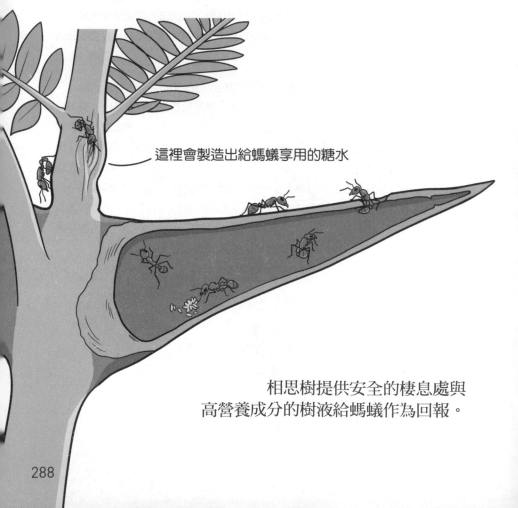

這裡會製造出給螞蟻享用的糖水

相思樹提供安全的棲息處與
高營養成分的樹液給螞蟻作為回報。

白天或夜晚總是會有25%左右的工蟻，
會出來巡視樹木的表面，並且幫它打掃。

趕走啃食的害蟲，
並且替它除掉長在樹木周遭的其他植物。

依植物的立場來看，螞蟻這種護衛行為，為它們帶來極大的利益，所以不只有相思樹，豆科類、澤漆類等40個科目植物，數百種的植物收容螞蟻，演化成特別的構造。

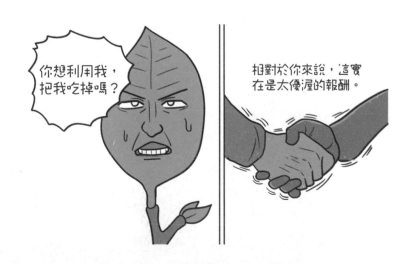

螞蟻做著如此的苦工，但在牠還是幼兒時，
若是沒有其他工蟻的協助，牠是無法獨自剝開卵殼的，是不
是出乎意料之外呢！

理所當然，勤勞的工蟻不會放過吃喝玩樂的幼蟲，
幼蟲在群體裡也有扮演著自己的角色。

黃絲蟻聚在一起，將樹葉合在一起之後，
用線穿過它們，就蓋好自己的家。

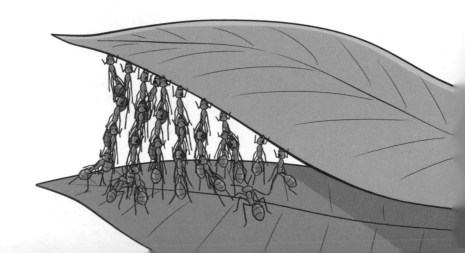

黃絲蟻蓋房子時，會看到牠像拿膠水一樣拿著幼蟲，
這時幼蟲會從嘴巴吐出線來，在樹葉上進行縫合的工作。

吃食物的時候也會利用幼蟲，
螞蟻只能吃液體食物。

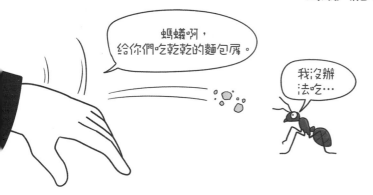

儘管螞蟻沒辦法吃固體食物，
但是幼蟲可以吃固體食物。

於是螞蟻把固體食物餵給幼蟲吃，讓牠們把食物分解到某種
程度再吐出來，螞蟻再吃下去。

在相當古老的鈍針蟻社會中，
工蟻乾脆在幼蟲的肚子劃一個傷口，再吸牠的血。

這種事情在日常生活中相當常見，
對幼蟲其實沒有任何害處，甚至可以幫牠茁壯地成長。

螞蟻形成社會後，可以看到牠們相互競爭、掠奪、
欺騙，甚至還會進行政權交替。

有時候牠們跟人類社會一樣，
有時候又像是一個獨立群體的生命體，
讓我們再次驚訝。

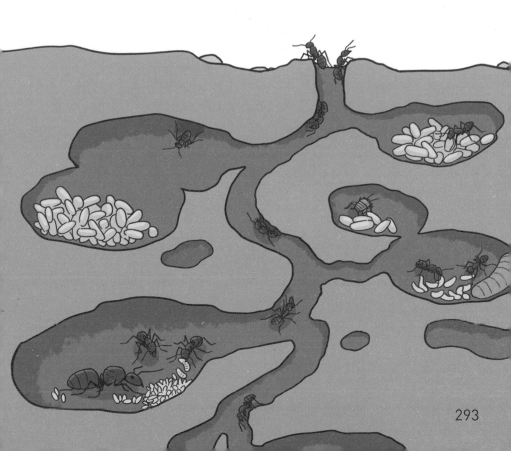

沃爾巴克氏體的戰略

名為沃爾巴克氏體（Wolbachia）的細菌，它是世界上最常見的寄生微生物，可能是生物圈最常見的寄生生物。它來自於螞蟻身上287處，並且它是與螞蟻形成關係的微生物。沃爾巴克氏體會讓節肢動物感染，而被感染的雄性動物會變成雌性，或是讓牠沒有生殖能力等等。它會做出減少雄性動物數量的奇特事情。

這是用漫畫呈現出來的，實際上，沃爾巴克氏體在雄性的受精卵染色體上動了手腳，所以牠才會變成雌性。

為什麼要做出這種舉動？理由是沃爾巴克氏體藉由生殖細胞傳染到下一代，而精子小又窄，相反地，卵子大又寬，所以它偏好卵子。於是沃爾巴克氏體製造出多種方法，進行減少自然界的雄性數量，並且讓雌性增加的策略。打個比方，如果是蝴蝶，會讓雄蝶死亡，如是端足類動物，則會讓雄性變雌性。然而有一部分的蟲子，雌性會透過無性生殖生下雌性，讓雄性變得無存在之必要。幸好對包含人類的脊椎動物來說，沃爾巴克氏體的戰略是沒有效果的。

在下一章節裡，將會介紹與一般螞蟻不同的一愛默網家蟻。牠的蟻后擁有決定性別的系統，分為翅膀長的長翅型與翅膀短的短翅型兩種。其中大部分的長翅型蟻后會感染沃爾巴克氏體，而短翅型蟻后則感染沃爾巴克氏體的機率低，因此沃爾巴克氏體抗體基因與長短翅有關，存在著這樣的假說。

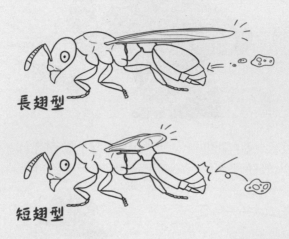

長翅型

短翅型

以針蟻的社會為例，大致上來說，牠的族群規模小，每隻工蟻都有已經排定的次序。依照這樣的次序，有時看到蟻后不爽，便會把蟻后拉下台，而有排列第一名的工蟻變成蟻后的情形發生。

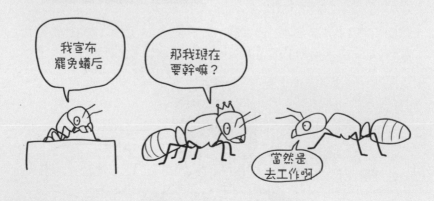

我宣布罷免蟻后

那我現在要幹嘛？

當然是去工作啊

蟻的漢字是由義與蟲兩個字結合而成的文字，光是這樣看便可得知，從以前開始，螞蟻就被當作是為了正義而認真工作的正直蟲。

達爾文看到螞蟻的利他行為，跟自己的理論相違背。
對於牠做出無法理解的行為抱持著疑惑，而沒能解開這個問題。

然而現在科學家都明白，螞蟻為了他人而工作，做出這些正直行為，其實是為自己的基因做出極為自私的行為。

第23章
必然的社會性

人類繼承來自父母的各一半基因。

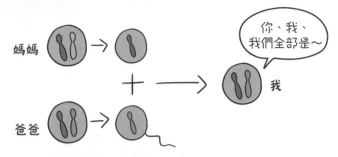

照基因的觀點來看，
人類對自己的子女做出利他行為並不奇怪，
那是因為子女擁有父母一半的基因。

但是隨著數量增多，遺傳基因的相關性會各持一半。

於是照基因的觀點來看，與其親戚發展順利，
倒不如自己成功受孕，把自己的50%的基因傳承給下一代，
更加有利。

可是螞蟻跟蜜蜂不遵照這種理論。

螞蟻或蜜蜂之類的昆蟲具有「單雙套系統」，
這種獨特的性別決定系統。

大多數的螞蟻與蜜蜂按照單雙套系統來決定性別。

簡單來說，有精卵會生下雌性，而無精卵會生下雄性，就是
這種方式。

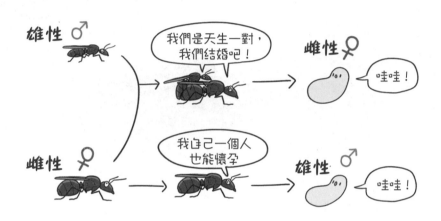

此時，雄性把自己的基因全部給子女，並非只給一半。

雌性只交出自己一半的基因。

所以兄弟姐妹之間的基因相關性會變成75%。

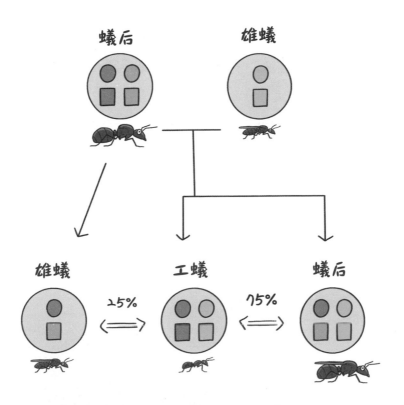

也因為如此，蟻后生下孩子後，
工蟻會好好照顧蟻后，為了讓蟻后生下姊妹。

比起傳承自己的一半基因給後代，
倒不如傳承自己的75%基因給後代會更加有利。

因此，工蟻只能服從蟻后。

當然，如同往常也會有例外情況。

總是讓科學家傷腦筋的不規則案例^^

儘管是其他品種的螞蟻，
也會一起合作。

沒有蟻后·工蟻自行孵蛋
的堅硬雙針家蟻

這種案例因為前述說明的理由而獲得社會性，
且在維持社會性的過程中，才會引起出乎意外的變化。

在我們的體系下再也沒有蟻后！但是在我的肩上、在我的胸口裡，我們會融為一體，一起活下去吧！

再加上，最早形成社會的白蟻，牠跟人類一樣，以XX、XY
基因來分性別，儘管牠不遵循單雙套系統的理論，
牠還是可以構成社會。

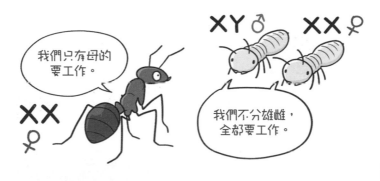

我們只有母的要工作。

XY♂ XX♀

XX♀

我們不分雄雌，全都要工作。

所以，這就告訴我們，除了單雙套系統這種基因觀點
之外，用其他理由也足以形成社會。

從遺傳基因觀點上來看，牠們有著不得不社會性之理由。

就代表了它帶來團體生活中食糧募集、防禦、共享棲息處等
好處，這點果然是在社會上無法忽視的要素。

猶如前面提及到螞蟻的漢字，自古希臘開始到現在，
人們總是讚揚螞蟻的勤奮與忠誠，
一心一意的展現出利他性。

然而，將牠偶像化，完全是以人類的中心角度去解讀。
其實牠們比我們更加忠實於自身的利益，並且活下去。

#螞蟻的基因
請看下圖

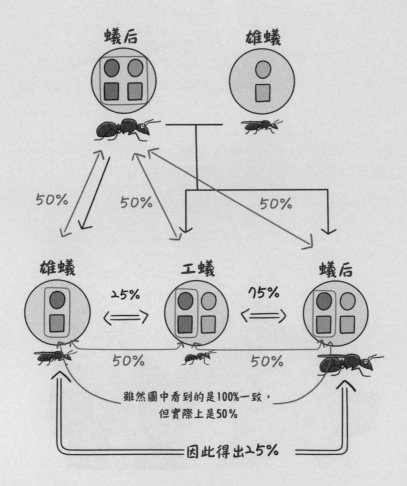

雖然圖中看到的是100%一致，
但實際上是50%

因此得出25%

▶ ○□圖案是基因，完全顛覆了傳達形式與各自基因的關聯性，它才會以符號方式顯示。再者，實際上蟻后跟數隻雄蟻進行交配，但是圖中只有顯示蟻后跟一隻雄蟻以及牠們的後代關係。

▶ 其他後代（雄蟻、蟻后），從蟻后父母那一代繼承的基因是紅色與藍色，傳承給工蟻的基因只有紅色一種，這只是為合乎牠們跟其他子孫在數值上的基因關聯性情況。

▶ 繼承到紅色也好，藍色也罷，還是紅藍混合。總之，這只為了表達出蟻后父母那一代的基因繼承到一半基因這事實。如果工蟻的後代繼承到來自蟻后父母的基因是紅藍混合，工蟻後代的基因就會是跟雄蟻的基因有50%的機率一致，與蟻后的基因會是百分之百相符，上圖就會變成錯誤的圖示。

▶ 後代子孫繼承來自蟻后父母的基因要出現50%的差異，為表達這一點，只好在工蟻後代子孫繼承的基因那裡全塗上紅色。

這個時期還沒形成臭氧層，而且陸地上也沒有
任何植物，此時昆蟲的祖先來到陸地上。

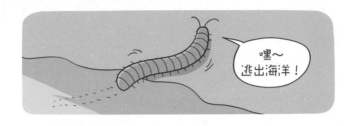

這樣的話，牠們在這個最早期一望無際的陸地上，
吃什麼維生呢？

牠們吃的正是「菌」，就算在荒涼的環境中，
它們也有辦法開闢一條生存之路，
所以最早期昆蟲吃的第一餐就是菌。

第24章
昆蟲和菌

存在於泥盆紀時期
8公尺長的真菌，
它是原杉藻。

我們所知道的菌，有香菇跟黴菌這兩種，
在過去曾經被認為是植物的一部分。

現在反倒是接納牠是比較像動物這種生命體。

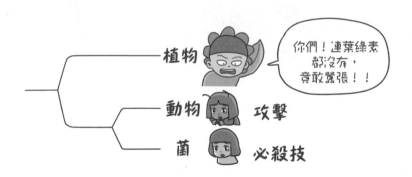

菌跟植物一樣，跟昆蟲有著錯綜複雜的關係，
互相殘殺或合作或欺騙，共同演化下去。

310

菌跟植物不一樣，它很容易長出來，且體型小，
對早期陸地生物而言，它是柔軟的食物。

彈尾蟲直到現在仍然保有原生陸地動物的樣子，
牠把菌當成食物享用一直存活到現在。

幾種鞘翅目昆蟲或蒼蠅以蛀食蘑菇維生。

食用蘑菇維生的昆蟲，自然具有毒菇的抗體，所以
牠們擁有可以減少受毒菇攻擊的危險好處。

站在蘑菇的立場來看，並沒有任何利益，
不過昆蟲會沾到孢子，擁有幫它搬運孢子這項優勢。

螞蟻乾脆幫蘑菇做農耕。

切葉蟻帶著葉子，將它切得細細的，
再把它攪拌成泥，拿去當蘑菇的肥料。

切葉蟻大規模的從事農作物。為了進行農耕，在一、兩天之
間就把一棵樹木的所有葉子全拔光，亞馬遜熱帶雨林的植物
有80%遭受傷害，消耗了總葉子量的17%。

切葉蟻為進行這種大規模的農事，
按階級別分配極為周密的分工體系。

拔葉子的
孩子

切細葉子
的孩子

照顧蘑菇
的孩子

螞蟻的家具備有通風功能，以及維持培養蘑菇的
適當溫度與溼度的構造。

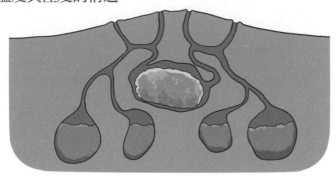

此時，為了不讓其他菌滋生，牠們會做好消毒，
並且進行培育，將它改良成自己想要的品種。

然而，正當螞蟻公主要出去製造全新菌落，牠會拿著自家人改良的品種，再度進行栽培，遵循前人做法。

當然對昆蟲而言，菌不只有害處。

菌寄生於昆蟲體內，經過冬天後會殺死昆蟲，
就好比是夏天生長的蛹蟲草。

除了蛹蟲草以外，白殭菌、黑殭菌等等這類的病原菌，可以無聲無息地殺死昆蟲。

甚至被稱為天然農藥，受到世人注目。

有幾種菌會影響昆蟲的中樞神經，
還會繁殖且操縱昆蟲。

當然昆蟲不會就這樣上當，
牠們會在自己身上塗抹抗菌物質，跟菌對抗。

尤其對團體行動的螞蟻、蜂、白蟻來說，
有傳染性的菌是致命的。

請清掃家裡的每個角落，就連外牆也要不斷地打掃。

當然也存在著突破這狀況的菌，名叫菌核病菌的菌，它會製造跟白蟻蛋長得差不多的菌絲體。

不只是模仿外型，就連費洛蒙也不例外，
它讓白蟻誤認為是自己的蛋。

把白蟻蒙在鼓裡，菌進到家裡後，
會徹底排除外來細菌，開心地在沒競爭者的環境滋生。

這部漫畫中偶爾會出現的生物學大師、昆蟲學家－艾德華威爾森…

要怎麼樣才能成為像他一樣優秀的昆蟲學家，那你得瞭解他的童年時期。

從小喜歡昆蟲的我，進入哈佛大學就讀。

在教科書上學到演化論的時候，出現拉馬克的用進廢退說。

雖然用進廢退說提到經常使用的器官會發達，
而不使用的器官會退化，這明顯是錯誤的。

近來隨著生命科學的發展，
後天遺傳相關內容正在逐步查明中。

正常的果蠅

果蠅以人為方式改造基因表現，在長出觸角的部位長出腳

正常的果蠅

果蠅以人為方式改造基因表現，在腳上附著眼睛

第25章
基因表現調節與後天遺傳

我們的身體由細胞構成，每個細胞都具備DNA。

然而令人驚訝的是，皮膚細胞只會取用構成皮膚的DNA，而心臟細胞只會取用構成心臟的DNA。

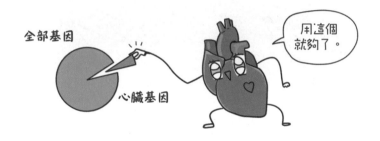

假設各自細胞沒做DNA區分就全部拿去用，
我們將會變成可怕的有機生物。

源自於《瑞克和莫蒂》科幻動畫

昆蟲也是一樣，可以見到昆蟲的一生，
經由常見的完全變態蛻變過程，
使牠們幼蟲、蛹、成蟲的模樣與行動截然不同。

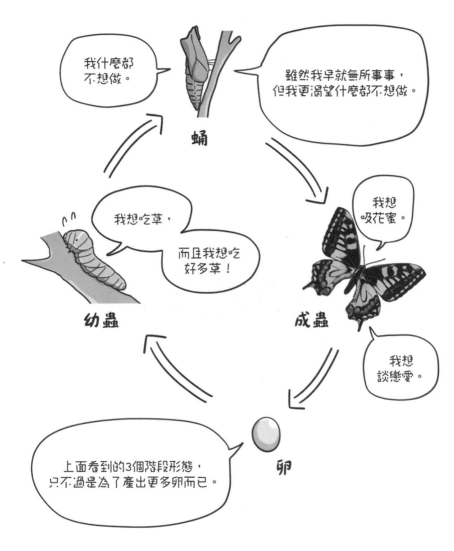

還有只要昆蟲沒有曝曬到放射線，
牠們不管在哪個階段都會擁有相同的DNA。

也就是說在幼蟲、蛹、成蟲，各個階段具備的DNA，
是昆蟲在各個時期自己挑選DNA使用。

多虧這一點，具備幼蟲、蛹、成蟲3階段的昆蟲，
可以適應多變的環境。

父母、子女世代間沒有競爭，可以獨享這個好處。

現存昆蟲中有85%是經由這種完全變態過程，透過個體的基因調節，使牠們能以不同方式生存，由此可知這是一大長處。

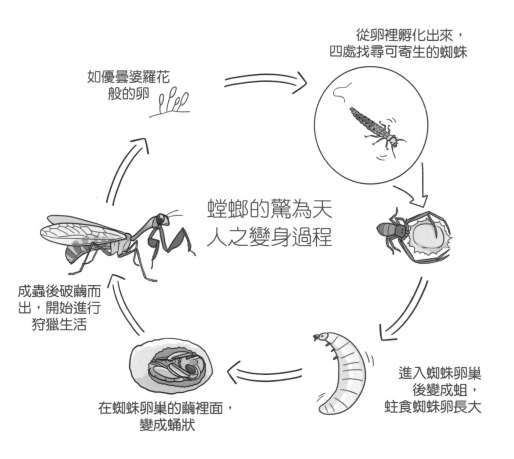

如優曇婆羅花般的卵

從卵裡孵化出來，四處找尋可寄生的蜘蛛

螳螂的驚為天人之變身過程

成蟲後破繭而出，開始進行狩獵生活

在蜘蛛卵巢的繭裡面，變成蛹狀

進入蜘蛛卵巢後變成蛆，蛀食蜘蛛卵長大

綜合上述，生物不會全部拿去使用，而是挑選使用。

Take a look～
（看一下）

嗯…

基因

325

與這種作用相關的物質中，存在著組織蛋白與甲基。

組織蛋白

甲基

組織蛋白纏住幾公尺長的DNA，
扮演著絞紗般保管的角色。

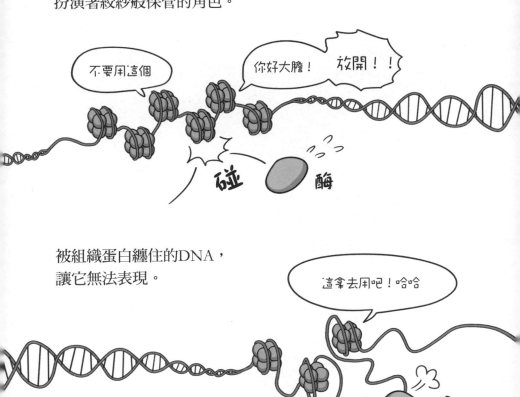

被組織蛋白纏住的DNA，
讓它無法表現。

放開的DNA，讓它可以表現。

甲基則是附著於DNA上阻礙表現，反覆地附著跟脫落，以甲基化方式調節表現。

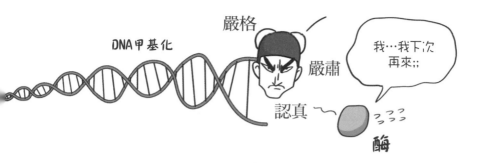

普通的蜜蜂幼蟲只要吸蜜維生就會成為工蜂，
而牠吃了蜂王漿就會變成女王蜂，
這原理正是甲基附著跟脫落之間造成的。

也就是說，儘管這兩種物體的基因不變，
卻能造成基因表現的差異。

但這裡有個獨特之處，甲基、組織蛋白等等此類的遺傳物質所制定的基因表現樣子，會原封不動地遺傳過去。

簡單舉例來說，有一個有名的白老鼠實驗。

讓懷孕中的老鼠飢餓，這樣一來，
為了節省體力，牠的代謝率會降低。

並非是老鼠的基因改變了，而是改變了表觀遺傳物質附著在
DNA的組合，造成此種的變化。

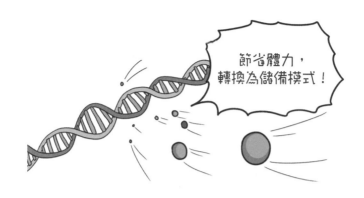

此時表觀遺傳物質附著在DNA的狀態，
原封不動地遺傳給懷孕中的老鼠寶寶。

因此，這隻老鼠即使在正常環境下飼養，
也跟其他老鼠不同，肥胖率也會比較高。

表觀遺傳學中人類也不例外，
尤其是在第二次世界大戰的列寧格勒保衛戰時期，
當時出生的人肥胖率高，這是著名的事例。

當時戰亂中，父母
飽受飢餓之苦

〜咕嚕嚕

在父母飢餓時出生的
肥胖子女

就算是基因一致的單卵雙胞胎，
也會根據生活環境，遺傳病發病率也會不同。

我先走了

所以把雙胞胎送到宇宙，進行表觀遺傳實驗也是…

於是生物的DNA裡已經設定好一切事物，
但是隨著環境不同，使用的DNA也會有所改變。

Epigenetics
表觀遺傳學

還有它是真的還有很多，我們尚未得知的領域。

演化發生DNA隨機突變，而且歷經世代交替，
長期累積符合環境的變異而發生，但是它卻非常緩慢。

相反地，藉由表觀遺傳物質帶來急遽變化，填補演化緩慢的
時間，並且協助生物能夠在多變環境中快速適應。

為了可以等待緩慢實現的演化速度。

#表觀遺傳學

　　表觀遺傳學作為迅速成長的學問領域，並且持續出現全新內容，它隨時都能駁斥這部漫畫的內容，以及它可以被改變，而這本書裡的資訊是無法更正的。為此我感到惋惜，各位就當作是看有趣的漫畫吧！

#製作蝴蝶標本的方法

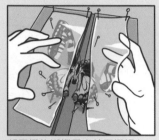

將展翅的蝴蝶固定於展翅板上，再用硫酸紙蓋住，接下來…

我的老天鵝，全部乾掉了，只要是你做的都會變這樣啊！

毀壞標本的樣子就好像自己的人生。

你就是光嘴巴上說要認真做，你有做好哪件事嗎？

還有你再怎麼找遍全天下，也找不到喜歡你的人。

希望篇

和諧的自然生態

蟲的美麗綢緞

發現多樣生物資源的昆蟲學家

模仿昆蟲外型的科學技術

次世代人類食物

歡樂的養蜂農家

可愛的昆蟲寵物(甲蟲)

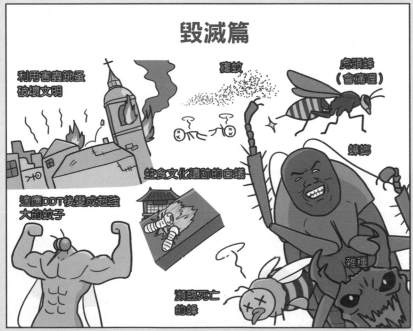

毀滅篇

利用害蟲跳蚤破壞文明

瘧蚊

虎頭蜂(會痛喔)

蟑螂

蛀食文化遺跡的白蟻

適應DDT後變成超強大的蚊子

瀕臨死亡的蜂

雜種

1990年2月14日，旅行者1號在相距61億公里之處的宇宙空間，
拍下如同浮在空中的一小顆灰塵的地球照片。

…請看那一點，那裡是我們
的家，也是我們自己。

各位你所愛的、所知的、所
聽聞的，還有存在於世界上
的所有人，正是住在那微小
的點上度過一生。

我們所有的喜悅與苦痛都存
在於那一點上，而且它存在
於人類歷史中。

表面上的蟲蟲
有點多呢！

而且有好多種類，
恐怖哦～

EVOLUTION OF INSECTS

THE PLANET OF INSECTS

第26章
昆蟲的行星

昆蟲填滿了地球各處，牠富含多樣性。

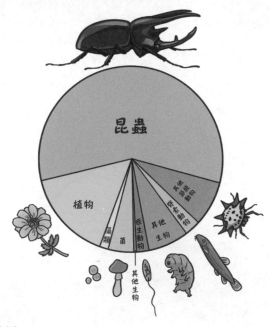

還有驚人數量！

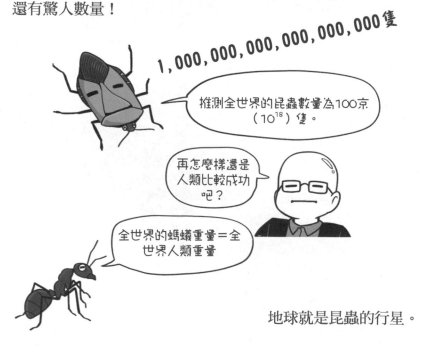

1,000,000,000,000,000,000隻

推測全世界的昆蟲數量為100京（10^18）隻。

再怎麼樣還是人類比較成功吧？

全世界的螞蟻重量＝全世界人類重量

地球就是昆蟲的行星。

難以想像沒有昆蟲的地球生態界。

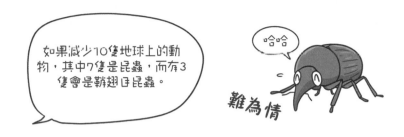

在過去4億年前的泥盆紀時期出現昆蟲，

經歷長久的時間適應與演變，它儼然成為地球生態界不可或缺的一員，進駐各個地方。

演化是跟牛頓運動定律相同的驗證科學，
而昆蟲就是它活生生的證人。

只要幾小時，就能看到
感冒病菌演化的樣子。

產業化之前的倫敦周邊環境明
亮，而且樺尺蛾當中有利於生
存的白色數量有很多。

然而，產業化之後的倫敦
周邊環境變暗淡，
有利於生存的黑色樺尺
蛾數量變多。

這就是物競天擇的最佳
例子。（雖然近來對它
有點不贊同）

在獨立的兩群果蠅當中給予不同的食物，以這種方式飼養，
再把牠們放在同一地方，不同群體之間的交配率反倒下降。

真是
物以類聚。

此外，昆蟲適應多元環境並且出現形形色色的模樣，
牠們的外型與生態就是例子。

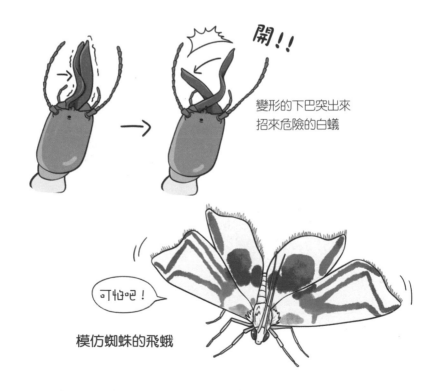

開！！

變形的下巴突出來
招來危險的白蟻

可怕吧！

模仿蜘蛛的飛蛾

萬一昆蟲不是演化產物，而是某人創造出來的，
我敢保證那位創始人過於偏愛昆蟲。

他有多熱愛昆蟲，竟然可以用土捏造成一隻隻
精密的昆蟲，而且創造了80萬品種出來。

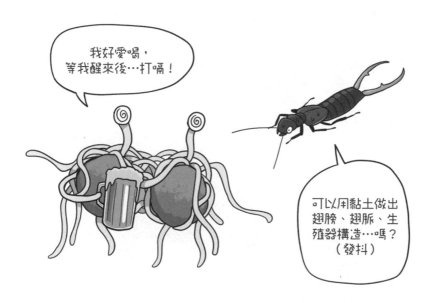

然而，現今的科學縱使沒有這種創造者（設計者）
介入，也能解釋昆蟲的成功。

嚴肅

在地球上，昆蟲獲得成功正是因為牠是演化的結晶。

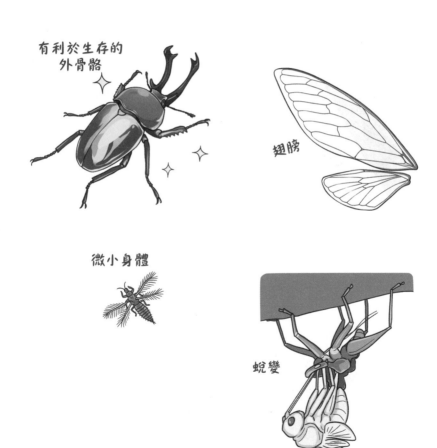

有利於生存的
外骨骼

翅膀

微小身體

蛻變

地球上大部分的昆蟲至今仍沒被發現，

找到的有
80萬種，

推測還存在著400
萬到3,000萬種。

在都市住宅的窗戶縫隙死掉的昆蟲屍體當中，也有發現未記錄到的品種。

這是我朋友的故事，呵呵

正在寫博士論文的時候，窗戶那裡飛來一隻蟲，而牠是新品種，所以當場追加記錄在論文上面，由此可見昆蟲的種類真的是數不清啊！

?????

新品種

昆蟲學家
霍華德埃文斯

天天都能發現新昆蟲。

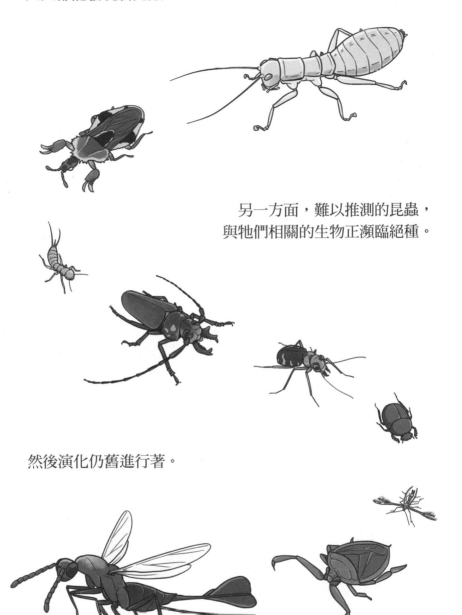

另一方面，難以推測的昆蟲，
與牠們相關的生物正瀕臨絕種。

然後演化仍舊進行著。

演化活生生的證人—昆蟲，牠們仍是未知的領域。

現今也躲在森林裡、水裡、地裡、窗戶縫隙中
等等地方，

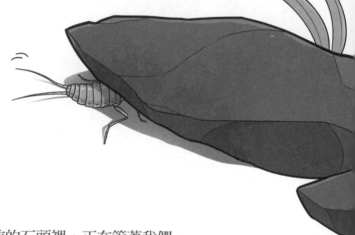

甚至躲在數億年前的石頭裡，正在等著我們。

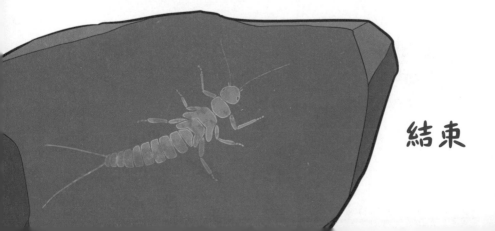

結束

#昆蟲的演化系統圖

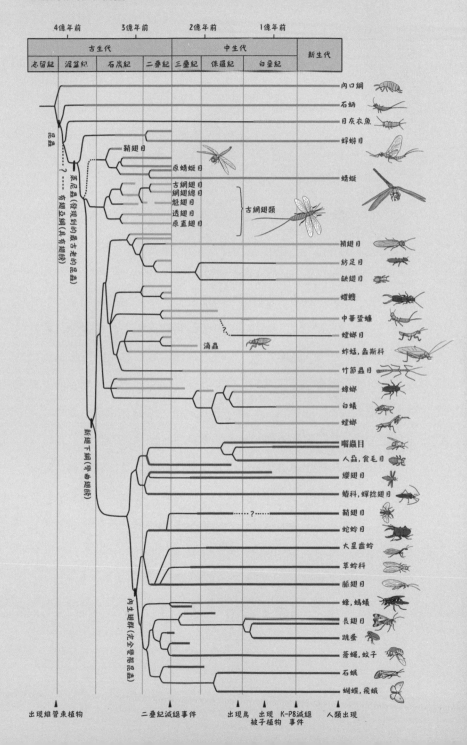

結語

　　我5歲時在海邊抓過一隻中華劍角蝗，牠是一隻用兩手捧在手心還超出手心的超大隻昆蟲。至今仍然鮮明地記得，當時用手掌去感受牠心臟（嚴格來說是背血管）跳動的回憶。

　　高一時我想要看遍全韓國所有的蚱蜢，便拿著捕蟲網環繞全國跑透透。此時再度想起5歲時抓到中華劍角蝗的事，國內普通再大的中華劍角蝗也不會超過9公分，當時還在想這隻怪物用兩手抓還超出掌心，牠到底是何方神聖啊！（其實是因為手小，相對地昆蟲就會看起來很大隻）。可惜的是，現在已長大成人的我，無法感受那時候的觸感，應該也是從那時候開始迷上昆蟲的吧。

　　國中三年級在漫畫家跟科學家之間迷惘著要選擇哪條路的時候，在採集昆蟲的途中，蚤蠅偶然出現在我面前，是牠讓我深陷於科學的世界（雖然我依舊畫著漫畫）。這傢伙被稱為活化石，據說牠是冰河期昆蟲當中部分存活到現在的昆蟲。此時想想那時的我對於遠古的昆蟲，只知道巨型蜻蛉目而已，而這段時間知道的昆蟲，牠們還有4億年歲月的歷史吧！蚤蠅度過漫長的歲月，頭一次在我面前展現牠的樣子。

幾年後我可以看到在國內發現的蚤蠅化石，這顆化石被認定為來自於早期侏羅紀。過去的牠長得跟現在的牠不一樣，牠有翅膀。親眼見到有翅膀的蚤蠅化石，浮現了「翅膀怎麼會消失了？」「牠們曾是裸子植物的媒介，由於被子植物出現後，裸子植物衰退，因此牠們再也不需要飛了嗎？」「嫌麻煩嗎？」「翅膀退化的痕跡還留存於過去嗎？」「會是像墨西哥鈍口螈一樣，經歷過幼態延續嗎？」等等⋯諸如此類的想法呢！

　　在腦海中做完各種幻想之後，不再侷限於關於翅膀這個問題。而且得知昆蟲其實是非常好的進化素材，昆蟲的驚人多樣性是進化的產物吧！只要觀察化石，就能發現極多的昆蟲種類被刻畫在上面，而牠們的子孫依然占滿著地球，牠們等同是活生生的化石。希望各位讀者透過此書，能夠感受到遠古時代、生命的延續性以及昆蟲的莊嚴，並且期盼各位能沉浸於大自然所帶來的深刻感動。

　　我要向協助我出版這本漫畫書的各位致上感謝之意，也要謝謝熱愛、支持我的漫畫書的各位讀者。特別是周遭朋友帶來很大的幫助，我一拿給朋友看這本漫畫書時，他們立即為我指正錯誤，還去找尋眾多論文給我看，告訴我更有趣的內容。多虧了他們，讓這本漫畫書的內容變得更豐富且有益。對朋友來說，這沒什麼好感謝，這全是畫出來的我比較厲害啊！

咕哦哦哦

大概畫畫

金渡潤

汪星人管家業務日記
【書 + 汪星人健康筆記】：
知名網路漫畫家和愛犬的搞笑日常

- 作者／繪者：吳侖度
- 譯者：蔡忠仁
- 定價：399 元

Hello My Dog

最有趣爆笑的汪星人日記，

鏟屎官、獸醫師、想要養狗狗的人必看的寵物書！

知名漫畫家畫給現職寵物管家，

最貼近生活、最實用的狗狗飼養書。

● 隨書附「汪星人健康筆記」

　　附上最詳細可愛的健康筆記本，讓你隨時紀錄寶貝的健康狀況。

也有日記本的設計，可以貼上照片，寫上與狗寶貝相處的寶貴記憶！

- ・狗寶貝的體重管理
- ・狗寶貝的成長期 check list
- ・狗寶貝餵藥方法
- ・預防接種計劃
- ・狗管家的家計簿
- ・狗寶貝的存款簿

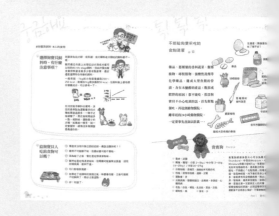

喵星人管家業務日記

【書＋喵星人健康筆記】：
知名網路漫畫家和愛貓的搞笑日常

* 作者／繪者： 金惠主
* 譯者： 魏汝安
* 定價： 399 元

Hello My Cat

最有趣爆笑的喵星人日記，

鏟屎官、獸醫師、想要養貓咪的人必看的寵物書！

知名漫畫家畫給現職寵物管家，

最貼近生活、最實用的貓咪飼養書

以 4 格漫畫畫出主人與貓咪的生活趣事，及現職寵物管家的心聲

韓國知名網紅也是平面設計師，因為遇見人生中重要的四位貓主子，

而開始在網路平台創作漫畫特輯，紀錄與愛貓的幸福日常！

書裡也有獸醫師的詳細解答，正確的養育知識都在這裡，

就算是新手管家也不用怕！

● **隨書附「喵星人健康筆記」**

　　附上最詳細可愛的健康筆記本，讓你隨時紀錄寶貝的健康狀況。

也有日記本的設計，可以貼上照片，寫上與愛貓相處的寶貴記憶！

* ‧貓主子的體重管理
* ‧貓主子的成長期 check list
* ‧貓主子餵藥方法
* ‧預防接種計劃
* ‧貓管家的家計簿
* ‧貓主子的存款簿

漫畫昆蟲笑料演化史
——史上第一本榮獲「幽默諾貝爾獎」的昆蟲漫畫書

圖／文　金渡潤

作　　者	金渡潤	
翻　　譯	魏汝安	
總 編 輯	于筱芬	CAROL YU, Editor-in-Chief
副總編輯	謝穎昇	EASON HSIEH, Deputy Editor-in-Chief
行銷主任	陳佳惠	IRIS CHEN, Marketing Manager
美術設計	S_Dragon	
製版／印刷／裝訂	皇甫彩藝印刷股份有限公司	

出版發行

橙實文化有限公司 CHENG SHIH Publishing Co., Ltd
ADD／桃園市大園區領航北路四段382-5號2樓
2F., No.382-5, Sec. 4, Linghang N. Rd., Dayuan Dist., Taoyuan City 337, Taiwan（R.O.C.）
MAIL: orangestylish@gmail.com
粉絲團 https://www.facebook.com/OrangeStylish/

經銷商

聯合發行股份有限公司
ADD／新北市新店區寶橋路235巷弄6弄6號2樓
TEL／（886）2-2917-8022　FAX／（886）2-2915-8614
初版日期 2019年12月